Workbook Krisenkommunikation

Für meine Söhne
Lars und Marc

Workbook Krisen-kommunikation

Realistische Handlungsempfehlungen für Unternehmen

von

Tom Buschardt

Reguvis

Bibliografische Information der Deutschen Nationalbibliothek
Die Deutsche Nationalbibliothek verzeichnet diese Publikation in der Deutschen Nationalbibliografie; detaillierte bibliografische Daten sind im Internet über http://dnb.d-nb.de abrufbar.

Reguvis Fachmedien GmbH
Amsterdamer Str. 192
50735 Köln
www.reguvis.de

Beratung und Bestellung:
Tel.: +49 (0) 221 97668-315
Fax: +49 (0) 221 97668-271
E-Mail: wirtschaft@reguvis.de

ISBN (Print): 978-3-8462-1301-8
ISBN (E-Book): 978-3-8462-1302-5

Herstellung: Günter Fabritius
Satz: Cicero Computer GmbH, Bonn
Druck und buchbinderische Verarbeitung: Appel & Klinger Druck und Medien GmbH, Schneckenlohe

Printed in Germany

Prolog

Freitag, 17.32 Uhr. Einen Anruf noch und dann ist diese Woche mal etwas früher Feierabend.

Diesen *einen* Anruf *noch*? – Ein Klassiker-Irrtum in der Krisenkommunikation.

Am Telefon ist der zuständige Fachbereichsleiter eines eher kleinen Chemieunternehmens, von dem ich noch nie zuvor gehört hatte. Mit Höflichkeits- und Smalltalk-Formulierungen hält er sich nicht lange auf. Nach dem Satz: „Sie sind mir empfohlen worden" fliegen mir bereits chemische Fachbegriffe um die Ohren. Hier sprechen offensichtlich zwei Lebewesen von zwei unterschiedlichen Planeten miteinander. Ebenfalls mit dabei: Nanometer, Pikometer – dazwischen irgendetwas mit µ auf so und so viel Millidings und vielleicht waren auch Yocto- und Zepto-Maßeinheiten dabei.

Kann ich nicht mehr mit Gewissheit sagen.

Mein Gehirn hatte bereits die Selbstschutzmechanismen angeworfen im Verlangen nach Klarheit, Übersicht und Verständlichkeit. Kann es auf einen Freitagabend nicht einfach Arsen im Trinkwasser, Dioxin im Frühstücksei oder wenigstens 1.000 Liter Altöl im Naturschutzgebiet sein? Oder Glassplitter in der Tiefkühl-Lasagne?

Ich muss Ordnung reinbekommen. Unbedingt. Und ja: Mein NRW-Abitur damals in wesentlichen Teilen mit Deutsch, Philosophie sowie Kunstgeschichte zu formen und sich statt um den Notendurchschnitt lieber um die Schülerzeitung zu kümmern, zahlt sich jetzt auch nicht unbedingt aus.

Mein Gesprächspartner berichtet inzwischen von seinem Chemiegelände, der Bodenbeschaffenheit dort, einer ziemlich aktiven Bürgerinitiative in der Nachbarschaft und einem kleinen Bach, der durch das Werksgelände in Richtung Wohngebiet fließt.

Mein erster Gedanke: Das sieht aus wie in einer Skizze für ein Krisenplanspiel aus dem Lehrbuch.

Ich muss ihn bremsen, indem ich den kommunikativen Holzhammer heraushole: „Herr Dr. Weber[1] ich muss da kurz reingrätschen. Jetzt mal bitte ganz kurz und übersichtlich für Doofe: Reden wir hier darüber, dass demnächst ein paar Fische mit dem Bauch nach oben schwimmen, oder davon, dass in neun Monaten Kinder mit drei Köpfen geboren werden?"

Nicht gerade charmant – aber es hilft!

„Nein. Das natürlich nicht."

Dr. Weber ist entrüstet.

Mein Einwand fokussiert ihn jedoch auf das Wesentliche. Er macht vielleicht zwei, drei Sekunden Kunstpause. Ich bleibe still, denn ich ahne: Jetzt kommt der für mich wichtige Punkt. Und tatsächlich kommt Dr. Weber zum Fazit: „Es ist tödlich."

1 Alle Namen geändert.

„Oh. Tödlich.“, sage ich mehr als akustischen Platzhalter in die Stille. Motivation für ihn, den Faden wieder aufzunehmen.

„Ja. Aber das sind ja nur…“ und dann taucht Dr. Weber wieder ein in seine Welt von Partikelgrößen, Partikelanteile auf Kubik und so weiter. Ein zweites Mal kann ich einen Spruch wie den mit den drei Köpfen bei Neugeborenen nicht bringen. Jetzt hilft nur die Sachebene weiter.

„Wie hoch ist denn der Grenzwert?“

Und wieder: Partikelgröße, Partikelmischungen, Partikelzahlen. Ich unterbreche erneut.

„Nein, ich meine: Wie viel Prozent sind Sie denn über dem gesetzlichen Grenzwert damit?“

„20 Prozent.“

„Ich fasse mal kurz zusammen: Der Stoff ist tödlich und Sie sind 20 Prozent über dem gesetzlichen Grenzwert.“

„Ja.“

Auf Seite der Bürgerinitiative wäre das mit diesen beiden Fakten für die nächsten drei bis fünf Jahre ein Selbstläufer.

In diesem Augenblick beginnt unsere Zusammenarbeit.

Das mit den Stunden- und Tagessätzen klären wir in der Woche danach. Für Bestellnummern, SAP und den Dialog mit dem Einkauf für „1 Stück Krisenberatung“ ist jetzt nicht die Zeit.

Vorwort

Sie haben 39 Euro für dieses Buch bezahlt. Ganz herzlichen Dank dafür. Auch im Namen des Verlages. Ich meine das ehrlich und weiß das wirklich sehr zu schätzen. Denn Sie bringen mir damit – sofern Sie nicht bereits andere Bücher von mir gelesen haben oder von mir gecoacht wurden – einen Vertrauensvorschuss entgegen. Sie haben für etwas voll bezahlt, von dem Sie noch nicht vollständig wissen, was Sie dafür bekommen werden. Nicht nur deshalb haben Sie hier schon im Vorwort ein ehrliches Wort verdient.

Zu meinem Buch und Ihnen: Gehen Sie nicht davon aus, dass Sie jetzt eine Garantie in den Händen halten, dass gute Krisenkommunikation und Krisenprävention sich von selbst erledigt oder zumindest wie der Zusammenbau eines Ikea-Regals nach Bildanleitung funktioniert.

Falsch.

Dieses Buch heißt nicht umsonst „Workbook: Krisenkommunikation". Und „Workbook" bedeutet nicht nur Arbeit für mich beim Schreiben, sondern vor allem für Sie! *Mit* dem Lesen und *nach* dem Lesen fängt die Arbeit für Sie erst richtig an. Wenn Ihnen der Prolog zugesagt hat, dann seien Sie versichert: In dem Stil geht das hier so weiter. Auch bei den Praxistipps. Sie sollen auch in einem Sachbuch Freude beim Lesen haben. Aber vergessen Sie dabei die Arbeit nicht!

Beim Lesen: Wo sind wir schon gut aufgestellt? Was haben wir schon alles und was fehlt noch? Was ist bereits bedacht und berücksichtigt und wo müssen wir noch nachlegen?

Schreiben Sie mit. Machen Sie sich Notizen.

Nach dem Lesen: Was ist alles zu tun? Wo fehlen Ressourcen und wie beschaffen wir sie uns? Wie halten wir die Kosten in Grenzen? Auf welche Risiken MÜSSEN wir uns einstellen, welche Risiken SOLLTEN wir berücksichtigen und welche Risiken sind so absurd und unwahrscheinlich, dass es genügt einmal drüber zu sprechen und sie dann ad acta zu legen. Vorerst.

Ich habe im Laufe meiner Tätigkeit als Krisenkommunikator bereits ein paar Leichen gehabt (eine war sogar einbetoniert), Umweltschäden, sexuelle Belästigung, Unfälle und Suizide an Bahnübergängen, Compliance-Verstöße (echte und üble Nachrede), Produkt-Rückrufaktionen, Umgang mit Morddrohungen und einen fetten Shitstorm in eigener Sache, weil ein Journalist ohne Rücksprache mit mir objektive Fakten in einen falschen Zusammenhang gebracht hat, obwohl ihm bei der Recherche meine Mobilnummer bekannt war (von der er aber keinen Gebrauch gemacht hatte). Ich weiß, wie sich *Shitstorm* anfühlt, wie er seine Metastasen ins Privatleben streut und was ich meinen Klienten zumute, wenn ich ihnen rate: „Da müssen Sie jetzt mal zwei Tage nicht drauf reagieren und auch die Postings nicht lesen."

Als Journalist habe ich in den letzten 35 Berufsjahren viele Fehler begangen. Die meisten im ersten Viertel meiner Berufslaufbahn. Fakten – oft aus Zeitdruck heraus – nicht sorgfältig, sondern nur oberflächlich gecheckt, Recherchefehler, Absprachen fahrlässig nicht eingehalten, gegen Autorisierungsabsprachen bei Interviews verstoßen, scheinbar glaubwürdigen Quellen zu viel Glaubwürdigkeit geschenkt, glaubwürdigen Quellen zu wenig

Glaubwürdigkeit beigemessen und vielleicht war auch der ein oder andere Rechtsverstoß dabei, weil mal ein Mikrofon mitlief, wo es nicht hätte mitlaufen dürfen. Ich weiß, wie es zuweilen zugeht. Und wie es nicht zugehen sollte.

Dieses Buch schreibe ich so, wie sich meine Vorträge anhören, meine Coachings anfühlen und die aktive Krisenarbeit für meine Klienten ihr Bouquet entfaltet.

Krisenkommunikation ist in diesen Zeiten an jeder Ecke zu finden. Glücksritter, Abzocker und solche, die es wirklich können – sie alle wollen etwas vom fetten Kuchen abhaben. Und in den Unternehmen, wie auch in zahlreichen PR-Agenturen, ist „Krise" sogar sexy.

Im Ernst jetzt?

Ja.

Ortswechsel. Mein Studio-Büro in unmittelbarer Nähe von Köln: Eigentlich braucht der Ansprechpartner ein klassisches Grundlagen-Medientraining. Wir sprechen über Inhalte, konstruktive Ausweichstrategien, wenn es eng wird im Interview – was man halt so braucht, wenn man sich stabil aufstellen möchte. Aber dann: „Machen Sie denn auch etwas mit Krise?" Ja, mache ich. Aber das wird bei diesem Briefing kein Schwerpunkt sein können. „Macht nichts. Machen Sie einfach eine halbe oder ganze Stunde was mit Krise, dann ist der Vorstand begeistert".

Das ist keine Krisenprävention.

Wer das behauptet oder dies als eine seriöse Mischung bezeichnet, lügt Sie an.

Vielleicht hat Ihnen bereits jemand aus der Krisenberater-Crew erzählt, dass das chinesische Schriftzeichen für „Krise" zugleich auch „Chance" bedeutet. Viele Berater halten das für einen originellen Einstieg in einen Vortrag. Das ist so originell wie die Einleitung: „Wenn man bei Google „Krise" eingibt, erhält man 54 Millionen Treffer[2]." Oder die Einleitung: „Bei Wikipedia steht zum Eintrag ‚Krise'…"

Also: Wenn die Chinesen für „Krise" wie „Chance" ein und dasselbe Zeichen verwenden, dann steckt da entweder ein schlauer Gedanke hinter – oder die Notwendigkeit, bei über 100.000[3] verschiedenen Schriftzeichen auch mal eins inhaltlich doppelt besetzen zu müssen. So wie im Deutschen „umfahren" und „umfahren" zwei komplett verschiedene Dinge sind, die zwischen Leben und Tod unterscheiden – je nachdem, wie man es betont. „Lass uns den Mann da vorne um**FAHREN**", „Lass uns den Mann da vorne **UM**fahren."

Aber die Chance steckt nicht in der Krise. Die Chance steckt in Ihnen. Und deshalb ist das hier ein Workbook. Ohne Kalligrafie – aber mit klaren Ansagen.

Dieses Buch verzichtet auf die Analyse großer, spektakulärer Krisen – Fukushima, Germanwings[4], Boeing 737 Max, Gammelfleisch, Öl im Golf von Mexiko usw.

2 Ich war auch erstaunt.

3 Für den Alltag benötigen Chinesen 3-5.000 Schriftzeichen. Gewissermaßen als „aktiver (Schriftzeichen-)Wortschatz".

4 Vgl. „Germanwings – Krisenkommunikation im Schockzustand" aus: Tom Buschardt: Feedback – Kommunikation optimieren, Seiten 37-77, VISTAS, 2. Auflage 2016, 200 Seiten, 12 Euro.

Beschäftigen wir uns lieber mit dem, was uns heute Nachmittag schon einholen kann. Ich nehme Sie anonymisiert und mit Klarnamen (mit freundlicher Genehmigung meiner Klienten) in einige meiner Krisenfälle mit. Seien Sie bei den anonymisierten Fällen nicht enttäuscht, dass sie anonymisiert sind. Ich habe auch einige spektakuläre Fälle, über die ich noch nicht einmal anonymisiert sprechen darf. Sie sehen: ich habe auch mein Päckchen zu tragen.

Kurz zur Rolle der Medien in der Krise.

Medien sind die Pest, weil sie Ihre Krise erst so richtig aufputschen und aus einer Glut ein loderndes Feuer entfachen?

Da liegen Sie falsch.

Wenn Sie ordentliche Kommunikation betreiben, dann sind es genau diese Medien, die Ihnen maximale Glaubwürdigkeit verschaffen und Verbrauchervertrauen zurückgewinnen. Leider muss ich hier einräumen, dass die Welt nicht ganz so ist, wie ich sie gerne hätte. Denn die Krise im Journalismus dieser Jahre ist vor allem eine Qualitätskrise.

Ich telefoniere mit einem Journalisten in Sachen Umweltkommunikation. Er hat von mir neutrale Gutachten bekommen, die nachweisen, dass die von der Bürgerinitiative behauptete Umweltgefahr gar nicht bestehen kann, weil die Stoffe unmöglich im Produktionsprozess entstehen können. Im Prinzip sind diese Studien so einfach nachzuvollziehen wie die Tatsache, dass eine Mischung von Trinkwasser und Handseife beim Händewaschen anschließend kein Benzin ergibt. Er findet das plausibel und verspricht, sich die Berichterstattung online noch einmal anzuschauen. Ich bleibe am Telefon. Er loggt sich in sein Content-Management-System. Antwort: „Wir müssen da nichts ändern. Wir schreiben ja gar nicht, dass der Stoff da drin ist."

Ich bin daraufhin intellektuell etwas dysfunktional. Habe ich etwas übersehen? Oder soeben falsche Anschuldigungen gegen die Redaktion erhoben? Er schlaut mich auf: „Wir sagen nur, dass die Bürgerinitiative das behauptet und dass die Angst davor haben." Er meint das wirklich ernst und hält das für eine korrekte, journalistische Vorgehensweise. Das ist schon etwas her – aber der Text ist, während ich diese Zeilen schreibe, immer noch online.

Ich fragte ihn damals in unserem Telefonat, ob er auch darüber berichten würde, wenn ich als Kölner Angst davor habe, dass Dinosaurier den Kölner Dom beschädigen könnten, wenn sie plündernd durch die Stadt ziehen. Er überlegt einen Augenblick. „Bringen Sie mir 500 Unterschriften dazu und wir berichten auch das."

Mit diesem Argument lässt er seinen Online-Text unverändert abrufbar. Und immer wieder, wenn andere Medien zu dem Thema recherchieren, wird dieser Text als eine der ersten Quellen für eine neue Recherche genutzt. Das führt dazu, dass wir jedes Mal aufs Neue den Journalisten die Welt erklären müssen. Und leider nimmt die Zahl aus der Generation von Journalistinnen und Journalisten zu, die dann ganz erstaunt sagen: „Ja, aber das steht doch so im Internet."

Immer und immer wieder fangen wir von vorne an.

So ungefähr muss sich der arme Don Quijote gefühlt haben. Der mit den Windmühlen. Oder sein griechischer Cousin zweiten Grades, Sisyphos. Der mit dem Stein.

Oder Sie.

Mit der Krise – Ihrem wunderschönen Perpetuum Mobile.

Köln, im Winter 2021/2022

Tom Buschardt

Der zu Unrecht Beschuldigte erwehrt sich der Anschuldigungen.

Der zu Recht Beschuldigte diskreditiert vor allem Art und Weise der Informationsbeschaffung.

Inhaltsverzeichnis

1. Grundlagen

1.1 Die Krise

Nun glauben Sie mal nicht, dass ein Krisenberater mit ein wenig Krisenkommunikation Ihnen die Krisen vom Hals schafft. Genauso wenig wird er Blinde sehend machen oder hier und da das Meer teilen. Oder Ihren Mist in Minze verwandeln?[5] Auch nicht. Vergessen Sie es.

Eine gute Krisenkommunikation lindert spürbar die Schäden, schützt vor zu starkem Imageverlust und bereitet den Boden für eine spätere Wiederaufbauarbeit, wenn die Wolken vorübergezogen sind.

Grundsätzlich: Die Medien haben mit der Krise am wenigstens zu tun. Medien sind in der Rolle der Beobachter. Leider gilt in der Praxis nicht unbedingt immer die journalistische Richtlinie des großartigen Hanns Joachim „Hajo" Friedrich[6]: „[Ich habe gelernt] Distanz halten, sich nicht gemein machen mit einer Sache, auch nicht mit einer guten, nicht in öffentliche Betroffenheit versinken, im Umgang mit Katastrophen cool bleiben, ohne kalt zu sein. Nur so schaffst du es, dass die Zuschauer dir vertrauen." Dieses Zitat wird oft verkürzt und redaktionell verändert wiedergegeben: „Mach Dir keine Sache zu eigen – auch nicht, wenn es eine gute ist." Auch die stark veränderte Fassung hat ihre Sinnhaftigkeit für die Journalistenausbildung. Und es spielt auch nicht wirklich eine Rolle, ob der Ursprung dieses Friedrich-Zitates bei seinem Ausbilder während seiner Zeit bei der britischen BBC zu suchen ist: Auf diesem Zitat kann man Fundamente des Journalismus errichten.

Medien sorgen nicht dafür, dass verseuchter Boden saniert wird, dass Wälder wieder aufgeforstet werden oder geben den Menschen Arbeit, die von Ihnen und Ihrem Unternehmen gerade entlassen wurden. Medien überreden verprellte Verbraucher nicht dazu, doch wieder Ihre Turnschuhe zu kaufen oder der Hautcreme eine zweite Chance einzuräumen, die gestern noch Pickel verursacht hatte, anstatt sie zu bekämpfen.

Medien bewerten jedoch sehr wohl den Umgang, den Sie mit der Krise haben. Wie Sie agieren, wie glaubwürdig Sie sind und was Sie und Ihr Unternehmen daraus gelernt haben. Viele Krisen hat das Management innerhalb von kürzester Zeit gelöst. Wo aber die meisten Fehler begangen werden, ist beim Umgang mit der Krise und der dazugehörenden Kommunikation. Die Krise selbst ist nicht unbedingt schon der Skandal. Der Skandal ist aber definitiv der miserable kommunikative Umgang mit einer Krise. Die von Betroffenen gerne beklagte „Skandalisierung durch die Medien" ist oftmals nur der kritisch-mediale Blick auf eine schlecht gemanagte Krise – einschließlich ihrer Kommunikation.

---

5 Interview Tom Buschardt mit dem Fachmagazin DER PRESSESPRECHER „Mist bleibt immer Mist" vom 14.8.2017 (https://www.pressesprecher.com/nachrichten/mist-bleibt-immer-mist-1557391400).

6 Ehemaliger Tagesthemen-Moderator, der auch bei der BBC war. Nach ihm ist auch ein als bedeutend geltender Journalistenpreis benannt.

Kein Herz für die kleine Lea-Sophie

Schwerin. 93.000 Einwohner, ein schönes Städtchen in Mecklenburg-Vorpommern. Ein wunderschönes Schloss. Viel Wasser. Wenn man aus Köln kommt, wo in der städtischen Architektur das wichtigste Kriterium ist, dass die Festwagen vom Rosenmontagszug gut durchkommen, wirkt Schwerin sehr malerisch und ein wenig verträumt. Im Hochsommer kühlt die Ostsee, im Herbst wirken die Gewässer der Stadt eher wärmend. Hier scheint die Zeit der Herzöge noch immer lebendig zu sein. In dieser optischen Idylle verhungerte unter unbeschreiblichen Qualen die fünfjährige Lea-Sophie. Nachteil für Schwerin: Es ist Landeshauptstadt. Und somit auch voller Pressevertreter, die sich normalerweise nicht um lokale Themen kümmern, sondern um die Landespolitik. Ein totes Mädchen, das unter Obhut des Jugendamtes stand, ist jedoch ein nationales Ereignis. Und so sah sich die Stadt einem Medienansturm ausgesetzt, den sie nicht bewältigen konnte. Die Kamerateams, die sonst im Foyer des Landtags auf O-Töne von Abgeordneten warteten, machten nun Jagd auf die Stadtspitze. Norbert Claussen (CDU) war damals Bürgermeister. Die Sachlage war klar: Die Vorschriften der Behörde waren offenbar alle eingehalten worden – dennoch war die kleine Lea-Sophie durch alle Raster gefallen. Formal schien den Mitarbeitern nichts vorzuwerfen zu sein. Claussen, getrieben von einer massiven Berichterstattung, wollte sich schützend vor seine Mitarbeiter stellen. Ein verständlicher Reflex und – in gebotenem Maße – sicher auch angebracht. Allerdings war er entweder gar nicht beraten worden, oder katastrophal beraten: „Es hätte in jeder anderen Stadt passieren können, und der, dem es passiert ist, hat in diesem Fall Pech gehabt."[7]

Lesen Sie sein Zitat lieber noch einmal. Nur zur Sicherheit. Es geht um den Tod eines fünfjährigen Mädchens. Das fatale an diesem Satz: Er ist inhaltlich absolut richtig. Aber er beschäftigt sich nicht einmal ansatzweise mit der öffentlichen Wahrnehmung des Falles in der Öffentlichkeit.

In meiner Version müsste eine solche Aussage lauten:

„Der Fall der kleinen Lea-Sophie hat gezeigt, dass das System schwere Lücken hat. Das System hier in Schwerin ist identisch mit den Vorschriften in anderen Städten Deutschlands. Ein solcher Fall kann deshalb jederzeit überall in Deutschland wieder passieren. Überall. Lassen Sie uns gemeinsam dafür sorgen, dass sich solch eine Tragödie nie mehr wiederholen kann. Das sind wir der kleinen Lea-Sophie, aber auch allen anderen Kindern in Deutschland schuldig."

Und als Nachsatz, wenn man sich an die Spitze der Handlung, Aufbereitung oder Prävention setzen möchte:

„Deshalb laden wir hier die Vertreter der Sozialgesetzgebung zusammen mit Experten aus dem Bereich Jugend- und Kinderführsorge zum ‚Runden Tisch Lea-Sophie' nach Schwerin ein, damit wir solch schreckliche Schicksale künftig in Deutschland vermeiden."

Und jetzt das fiktive Zitat in der strategischen Sichtweise:

„Der Fall der kleinen Lea-Sophie („klein" betont die enorme Emotionalität des Ereignisses, es wird unmissverständlich klar, dass es sich hier um eine Schutzbefohlene handelt) *hat ge-*

7 Öffentlich geäußert auf einer Pressekonferenz am 23.11.2007.

zeigt, dass das System schwere Lücken hat (Bestätigung des Offensichtlichen schafft Glaubwürdigkeit). *Das System hier in Schwerin ist identisch mit den Vorschriften in anderen Städten Deutschlands* (wir machen nicht das Problem, sondern die Ursache sichtbar und größer: Deutschland!). *Ein solcher Fall kann deshalb jederzeit überall in Deutschland wieder passieren* (Wiederholung des vorherigen Inhaltes, um sicherzustellen, dass es jeder bemerkt) *Überall* (Nachdruck). *Lassen Sie uns gemeinsam dafür sorgen, dass sich solch eine Tragödie nie mehr wiederholen kann* (Man wird zum Handelnden und hat gewissermaßen die emotionale Zustimmung des Zuhörers bereits erreicht). *Das sind wir der kleinen Lea-Sophie, aber auch allen anderen Kindern in Deutschland schuldig* (Jetzt wird es vom Großen wieder konkret: Denken wir jetzt nicht an die Kinder aus der Nachbarschaft, aus dem Freundes- und Bekanntenkreis?). *Deshalb laden wir hier die Vertreter der Sozialgesetzgebung zusammen mit Experten aus dem Bereich Jugend- und Kinderführsorge zum ‚Runden Tisch Lea-Sophie' nach Schwerin ein* (dem kann sich niemand mehr entziehen, man steht definitiv an der Spitze der Bewegung), *damit wir solch schreckliche Schicksale künftig in Deutschland vermeiden* (Effektiver Blick nach vorne)."

Sie finden, dass das zu viel Pathos enthält?

Keineswegs.

Dazu ein paar Fakten: Das fünfjährige Mädchen wog am Tag seines Todes sieben Kilo. Zum Vergleich: Ein gesundes fünfjähriges Kind wiegt ungefähr 18 Kilogramm, also das 2,5-fache von Lea-Sophie. Sie stank nach Fäkalien, war wundgelegen und die Haare waren ihr bereits vor längerer Zeit büschelweise ausgefallen. Die Eltern hatten das Kind verhungern und verdursten lassen. Die Obduktion ihrer Leiche förderte weitere Grausamkeiten zutage. Trotz konkreter Hinweise nahm der zuständige Sozialarbeiter das Kind nicht persönlich in Augenschein, sondern verließ sich auf die Aussagen der Eltern, dass das Kind gerade bei Bekannten sei.

„Es hätte in jeder anderen Stadt passieren können, und der, dem es passiert ist, hat in diesem Fall Pech gehabt."

Das ist keine angemessene Reaktion, angesichts derartiger Details, die zum Zeitpunkt der Pressekonferenz bereits größtenteils bekannt waren. Einer solch schrecklichen Situation muss man auch verbal Rechnung tragen.

Verstehen Sie das nicht bitte nicht falsch: Durch meine vorgeschlagene Formulierung wird die Situation nicht weniger schrecklich, nicht weniger grausam, nicht weniger entsetzlich. Aber sie verändert die Sichtweise der Presse auf die Krise und den Umgang mit den politischen Verantwortlichen. Vielleicht würde sie sogar dazu beitragen, dass aus der Krise kein Skandal wird, oder zumindest kein Skandal, der sich ausschließlich auf die Akteure in der Stadtspitze fokussiert. Und gesellschaftlich lenkt sie den Blick auf das größere Thema: Weg von einem lokalen Ereignis auf eine nationale Verantwortung. Deshalb verwende ich in meiner Formulierungsempfehlung drei Mal *Deutschland* als Bezugsgröße.

Bei den damaligen Verhalten der Verantwortlichen von Schwerin bekomme ich jedoch nicht den Eindruck, dass der Fisch nur vom Kopf stinkt. Da stank der ganze Fisch, der ganze Schwarm.

Sozialdezernent Werner Junghans (CDU) konnte dem NDR-Nordmagazin auch Monate nach dem Fall Lea-Sophie auf Fragen wie „Wie viele Mitarbeiter haben Sie denn?", „Was geschieht, wenn wie im Fall Lea-Sophie an verschiedenen Stellen Hinweise auf ein gefährdetes Kind gegeben werden?" und „Was passiert, wenn am Wochenende die Bereitschaft wechselt?" auch durch eine beim Interview anwesende Abteilungsleiterin in einer kontrollierten Situation vor laufender Kamera keine Antworten geben.[8] Zuvor hatte er sich gegenüber den Journalisten vor allem über die Medienschelte beschwert, die er und seine Behörde aushalten mussten.[9] Was erwartet er? Dass eine freie Presse in einer freien Gesellschaft eine Behörde bei einem solchen Fall mit Samthandschuhen anfasst? Oder dass sie nach einer öffentlichen Medienschelte darauf verzichtet zu zeigen, wie jemand seine kommunikative Unfähigkeit vor laufender Kamera beweist?

Schwerins Bürgermeister Norbert Claussen musste sich ein Jahr nach seinem bundesweit verbreiteten Pech-Zitat einem Bürgerentscheid stellen und erzielte mit knapp 83 Prozent ein Spitzen-Ergebnis.

Es war seine Abwahl.[10]

Rassismus, Magersucht und Heidis Beine

Natürlich macht die Presse Ihnen Feuer unter dem Sessel. Natürlich beeinflussen Medien Verbraucherverhalten, Verbraucherproteste, politische Sanktionen (sogar neue Gesetze). Medien können Politiker daran hindern, unvernünftige Entscheidungen zu treffen. Oder sie genau zu diesen unvernünftigen Entscheidungen treiben. Sie befeuern Twitter und Facebook – oder generieren aus einigen Postings von Hinz und Kunz Textsurrogate, die sie als Nachrichten verscherbeln. „Das Netz diskutiert…". Kleine, wahllose Kostproben vom Buffet journalistischen Fast Foods? Wohl bekomm's:

Focus.de: „Optische Täuschung: Das Netz diskutiert über…"; Hessischer Rundfunk: „Das Netz diskutiert über Rassismus"[11], Pro7: „Über diese Magersucht-Serie diskutiert das Netz"[12]; WELT: „Das Netzt diskutiert, wie man das kleine ‚x' richtig schreibt"[13]; Rheinische Post: „Das Netz diskutiert über Stindls Hand-Tor"[14]; STERN: „Dieter Nuhr angezeigt: Das Netz diskutiert die Grenzen von Satire"[15]; aber auch das wirkliche Top-Thema, das uns alle schon seit Jahren beschäftigt: Stylight: „Oberschenkel rasieren: ja oder nein? Das Netz diskutiert über Heidi Klums Beine"[16].

Den meisten Medienkonsumierenden fallen die inhaltlichen Dummheiten gar nicht auf, die sich hinter journalistisch anmutenden Formulierungen wie „Die Twitter-Nutzer sind sich nicht einig" (hier zitiert aus: Rheinische Post) verbergen.

8 Der Videomitschnitt des Interviews liegt mir vor.
9 dto.
10 Claussen hat der aktiven Politik den Rücken gekehrt, schließt in Interviews aber eine Rückkehr nicht aus.
11 1.2.2021.
12 1.6.2017.
13 23.2.2019.
14 26.2.2017.
15 25.10.2014.
16 Leider ohne Datum, vermutlich ein zeitlos aktuelles Thema.

199 Millionen Menschen nutzen täglich Twitter.[17] Ich fände es höchst beängstigend, wenn dort Einigkeit zu Sachfragen herrschen würde. Zum Vergleich: Nicht einmal die 25 Millionen Nordkoreaner, also die Zahl eines Achtels der Twitter-Nutzer, dürften sich einig sein. Obwohl sich Kim Jong-un nun wirklich alle Mühe gibt, seine Meinung zur Einheitsmeinung seines Volkes zu machen.

Das Problem: In der Krise wäre man am liebsten jetzt der Informationsminister von Nordkorea mit all seinen Befugnissen und der Rückendeckung von Kim Jong-un. Alle Medien unter staatlicher Zensur – da kann nichts schiefgehen. Selbst wenn zehn von zehn Raketenstarts als Schrott im Meer versinken, kann man das noch als Erfolg verbuchen.

Natürlich streben wir die Kontrolle über die über uns verbreiteten Informationen, Geschichten und Zitate an. Das ist nur legitim. Aber wir müssen akzeptieren, dass uns das nicht immer zusteht – und auch nicht immer gelingen wird. Das ist – losgelöst von unserem Einzelschicksal – grundsätzlich eine gute Sache, wenn man das Gesamte für eine Gesellschaft betrachtet.

Als Medienkonsumenten verlangen wir unbedingt nach einer freien Berichterstattung. Niemand von Ihnen möchte 19,90 Euro im Monat für ein Digitalabonnement ausgeben, wenn hinter der Paywall nur von Unternehmen und Politikern weichgespültes Zeugs zu lesen ist. Jetzt, in der Krise, macht uns jedoch die freie Presse das Leben zur Hölle.

Und wenn schon.

Gehen wir einmal davon aus, dass die verbreiteten Fakten der Krise, die uns gerade betrifft, der Wahrheit entsprechen. Abwasser falsch abgeleitet, Produkte fehlerhaft, Bremsen sicherheitsgefährdend, Kinderspielzeug mit toxischen Stoffen kontaminiert usw. Wenn wir jetzt eine harte Presse aushalten müssen, dann ist das in der Logik der Sache. Fühlt sich subjektiv ungerecht an, ist aber faktisch in Ordnung. Polizei und Staatsanwaltschaft lassen uns in Ruhe, wenn kein Anfangsverdacht besteht. Wir leben schließlich nicht in einem Staat, wo eine Hausdurchsuchung nach Lust und Tageslaune der Behörden erfolgt, oder weil man der Bürolangeweile mal ein Incentive entgegensetzen möchte. So sehr das auch fuchst – und da nehme ich mich ausdrücklich nicht von aus! – gehen Sie stets auf den Kern der Krise zurück. Nur so entsteht ein klarer Kopf.

Im Fall von sexueller Belästigung, an der RTL Explosiv hart dran war, hat der beschuldigte Mann sich bei mir darüber beschwert, wie RTL mit ihm umgehen würde. Die von RTL vorgelegten Indizien und Beweise waren eindeutig. An dem Fall gab es nur im Nanobereich etwas zu interpretieren. Mein Hinweis: „Ohne Ihr Verhalten, hätten Sie jetzt auch RTL nicht an den Hacken" hat ihn komplett aus der Fassung gebracht. Die dokumentierten Chatprotokolle wären illegal beschafft worden. Dies war nicht der Fall, aber selbst, wenn es so gewesen wäre: Waren die Chatprotokolle mit der konkreten Aufforderung zum Sex deshalb falsch?

Eben.

17 Quelle: Future BIZ vom 10.5.2021.

Konzentrieren wir uns demnach auf den Kern und die Ursache der Krise – dann kommen wir mit einer Entemotionalisierung der Medienreaktion und gesundem Menschenverstand schon ein gutes Stück des Weges voran.

Die Presse nimmt in der Regel damit nur ihren gesellschaftlichen Auftrag war. Medienkonzerne sind sogenannte Tendenzbetriebe. Sie sind nicht zur Neutralität verpflichtet – wohl aber Fakten, die der Wahrheit sehr nahekommen. Medien dürfen liberal, konservativ, sozialdemokratisch, links und rechts sein. Sie dienen – ebenso wie Parteien – der politischen und gesellschaftlichen Willensbildung. Die SPD ist beispielsweise 100-prozentige Eigentümerin der Deutschen Druck- und Verlagsgesellschaft mbH (ddvg) mit Sitz in Berlin und Hamburg.[18] Dass darüber das Parteiorgan „vorwärts" abgewickelt wird, dürfte niemanden verwundern. Damit ist es allerdings nicht getan: 67,99 % hält die ddvg an der Öko-Test AG[19], 35% am Frankenpost Verlag, 65% am Nordbayerischen Kurier Zeitungsverlag, sowie 23,1 Prozent an der Verlagsgesellschaft Madsack, bei der unter anderem die Leipziger Volkszeitung, Hannoversche Allgemeine Zeitung, Neue Presse Hannover, das Göttinger Tageblatt, die Dresdner Neuesten Nachrichten, die Lübecker Nachrichten und einige andere erscheinen.

Wer jetzt allerdings davon ausgeht, dass Twitter-Hotuserin Saskia Esken nun in veröffentlichten Texten jeweils die Schlussredaktion übernimmt, der schätzt das falsch ein. Aber der Tenor der Medientitel ist natürlich eher sozialdemokratisch geprägt – so wie Titel aus dem Hause Axel Springers eher als konservativ gelten.

Wenn Sie Ihren Job in der Krise gut machen – und damit auch in der Krisenkommunikation – dann profitieren Sie von dem guten Ruf einer freien Presse. Performen Sie dort gut, dann profitieren Sie in der Krise von der Reputation der Medien, die über sie berichten.

Das ist nicht immer leicht. Das ist oft unangenehm. Und es kostet Kraft, Ressourcen – und Geld.

Das Wichtigste: Die Krise ist immer die Folge einer von Menschen getroffenen Fehlentscheidung!

Immer!

Nennen Sie mir ein Beispiel – und ich führe es Ihnen auf menschliches Fehlverhalten, menschliches Versagen, menschliche Fehleinschätzungen und menschliche Fehlentscheidungen zurück.

- Wir haben (wieder einmal) ein Jahrhunderthochwasser? Es hätte niemand wissen können, dass es einmal so viel regnen würde? Vielleicht. Aber wer hat denn entschieden, flussaufwärts die Gebiete, die für Flutungen vorgesehen sind (in der Regel Ackerlandschaften) mit Einfamilienhäusern zu bebauen? Oder die Länder flussaufwärts nicht für die entstehenden Schäden zu entschädigen, wenn sie zum Wohle der Gemeinden flussabwärts ihre Felder fluten? Dann zieht man dort halt die Spundwände hoch und schickt das Wasser flussabwärts. Bei uns in Köln ziehen wir ebenfalls die Spundwände hoch und schicken es weiter nach Düsseldorf.

18 Stand 2021.
19 Stand 2021 für diese und die folgenden Nennungen.

- Man konnte nicht wissen, dass ein Tsunami das Atomkraftwerk in Fukushima so sehr in Mitleidenschaft ziehen würde? Wer kam denn auf die Idee, in einem Erdbebengebiet ein Atomkraftwerk hinzusetzen? Die Natur war es jedenfalls nicht.
- Man konnte nicht wissen, dass die BaFin bei Wirecard ihren Job nicht richtig machen würde. Wirklich nicht? Wer hat denn die Artikel der Financial Times aus London ignoriert, die schon vor ewigen Zeiten von massiven Unregelmäßigkeiten berichtet haben und die deshalb von Wirecard mit zahlreichen Anwälten beschäftigt wurden?
- Den 11. September konnte man nicht verhindern. Sicher nicht? Was wurde eigentlich aus den Hinweisen von Fluglehrern aus Florida an das FBI, dass man hier Flugschüler unterrichte, die nur Kurven fliegen wollen, aber keine Starts und (erst recht) keine Landungen üben wollten?
- Dass der BER ein Desaster wurde, hätte ja niemand ahnen können. Nein? Wer kam damals auf die Idee, ein Terminal in unzähligen Einzellosen auszuschreiben, was die Schnittstellen zwischen den Gewerken erhöhte, die ein Generalunternehmer so nicht gehabt hätte? Jeder, der schon einmal mit einem Computer-Support über nicht funktionierende Adapter aus dem Zubehör diskutiert hat, kennt die Methode: Der Hersteller schiebt es auf das Zubehör, der Zubehör-Hersteller auf die Treiber oder den Markenhersteller. Gefangen in den unendlichen Weiten der Zuständigkeiten und Verantwortungslosigkeit.
- Man konnte nicht vorhersehen, dass es nach der zweiten Corona-Welle noch eine dritte geben würde? Falsch! Die Informationen aus anderen Ländern, bei denen der Pandemieverlauf zeitlich früher begann und die ein ähnliches Sozialleben haben wie wir Deutsche, lagen vor.
- Niemand konnte wissen, dass es während eines anhaltenden Lockdowns auf den Straßen nicht nur Proteste, sondern auch gewalttätige Auseinandersetzungen geben würde? Falsch. Jedes Krisenszenario, das von Regierungen rund um größere Stromausfälle, Hackerangriffe und Lebensmittelknappheit konzipiert wird, sagt auf den Tag (bei Stromausfällen sogar auf die Stunde exakt) genau voraus, wann mit Gewalt auf den Straßen zu rechnen ist. Die Filme der *The Purge*-Macher verlieren angesichts derartiger realistischer Szenarien jeglichen Unterhaltungswert.
- Niemand konnte wissen, dass man FFP2-Masken benötigen würde und dass Schutzausrüstung so schnell knapp werden würde? Acht Jahre zuvor, im Jahr 2012, skizzierte das Robert-Koch-Institut bereits die Szenarien über ein mutiertes Virus aus Sars-Cov2 und MERS und wies auf mögliche Engpässe hin.

Wollen wir die Liste hier wirklich fortsetzen? Besser nicht.

Aber fassen wir uns an die eigene Nase: Hätte man anhand der Umbuchungen und Verzögerungen vor wichtigen Quartalsabschlüssen, dem zeitlichen Strecken bereits angefallener Verbindlichkeiten, nicht auch erkennen können, dass hier im Konzern sich etwas anbahnt? Hätte man anhand der Tatsache, dass man dem Kantinenbetreiber den Vertrag kündigte, zeitgleich aber einen neuen Vertrag mit 20 Prozent weniger Gerichten aushandeln wollte, nicht auch etwas über die Zahl der Belegschaft und die Pläne der Geschäftsleitung herauslesen können? Oder dachte wirklich jemand, dass wie von Geisterhand beim nächsten Jahreswechsel 20 Prozent der Belegschaft auf die Idee kommen, mit eigenen Brotdosen zur Arbeit zu kommen? Oder dass Maschinenbauer aus dem Homeoffice arbeiten oder Anlagenbauer den eigenen Vorgarten zum Zusammenbauen umwidmen werden?

Und bereits wenige Wochen nach der Flutkatstrophe an der Ahr mit 134 Toten können Sie nun in die Zukunft blicken:

> „Beim Versuch, möglichst schnell den Wiederaufbau zu organisieren, gehen die Behörden offensichtlich hohe Risiken ein. Die neuen Verbots- und Überschwemmungszonen scheinen äußerst knapp berechnet. An vielen Stellen im Tal stieg das Wasser im Juli jedenfalls deutlich über den Bereich hinaus, der nun als gefährlich gilt."

Das ist leider etwas kompliziert formuliert. Im Klartext steht dort: „Gebaut werden darf unter der Hochwassermarke von 2021". Womit jetzt schon bewiesen ist, dass die nächste Katastrophe an der Ahr – ob sie in einem, fünf oder zwölf Jahren eintritt – jetzt bereits von Menschenhand vorbereitet wird.

15 Jahre Vorbereitungszeit sind zu knapp bemessen?

An dieser Stelle möchte ich gerne kurz über Petra Hinz sprechen.

Die SPD-Politikerin hatte sich nicht nur ihr Abitur ausgedacht, sondern ein ganzes Jurastudium dazu. Mit dieser Legende hatte sie es bis in den Deutschen Bundestag gebracht, wo sie nach elf Jahren ihr Mandat aufgab, nachdem sie aufgeflogen war. Sie sprach in ihrem Rücktritt von enormen Mobbingvorwürfen in der Fraktion – unter anderem wegen dieser Lüge.[20] Sie war jedenfalls juristisch so qualifiziert, dass sie nicht die Bezeichnung „Rechtsanwältin" für sich wählte (diese ist juristisch geschützt und eine Nutzung wäre strafrechtlich relevant), sondern nur die Bezeichnung „Jurist" – und die ist rechtlich nicht geschützt, wie die Bezeichnung „Journalistin" beispielsweise auch, die Bezeichnung „Redakteurin" aber sehr wohl. Allerdings hatte sie auch erklärt, dass die Vorwürfe überraschend kämen und dass sie darauf nicht vorbereitet gewesen sei. Nun ja: Sie hatte den gefälschten Lebenslauf über 15 Jahre genutzt – das sollte als Vorbereitungszeit für den Fall der Entdeckung ausreichen. Jeder Kleinkriminelle legt sich vor dem Einbruch eine Geschichte zurecht, die er der Polizei auftischt, wenn er morgens um 3 Uhr mit einem Sack voller Schmuck und Elektrogeräten auf der Straße angehalten wird.

Damit hat Petra Hinz eine fatale Haltung vieler Unternehmen offengelegt: Auch hier wird sich oftmals nicht bereits bei internem Bekanntwerden der Verfehlung auf die Kommunikation vorbereitet, sondern erst dann, wenn die Presse Wind von der Sache bekommt. Das erhöht nur unnötigerweise den Druck auf die – in der Regel knappen – Ressourcen im Unternehmen. Aber sich auf eine mögliche Entdeckung vorzubereiten, bedeutet ja auch, Mitarbeitende der Kommunikationsabteilung mit einzubeziehen, was wiederum auch das Durchsickern peinlicher Details erhöhen könnte. Insbesondere in Unternehmen, wo Mitarbeitende gesetzlich verpflichtet wären, Verstöße des Unternehmens unverzüglich offenzulegen.

In solchen Fällen hilft nur externer Support.

20 Vermutlich hier als „Lüge" bezeichnet rechtlich fragwürdig. Aber ich möchte nichts von „kreativer Lebenslauf-Phantasie" schreiben, nur um hier auf Nummer sicher zu gehen.

Warum?

Ganz einfach: Zwischen externem Anwalt und der Geschäftsleitung besteht ein Vertrauensverhältnis aus Mandantschaft und Anwalt. Eine externe Beratung durch jemanden aus dem Bereich Kommunikation kann ebenfalls hilfreich sein, weil diese Person unter Umständen nicht gesetzlich verpflichtet ist, Dinge direkt offenzulegen. Hier muss ggf. auch die ein oder andere Stunde Rechtsberatung für aufgewendet werden. Problematisch wird es in der Regel, wenn Rechtsanwälte ohne jegliche Kommunikationsberatung die Richtung der Kommunikation ausschließlich mit juristischen Sichtweisen übernehmen. Dann wird es in der Regel teurer und emotional anstrengender für die Mandantschaft.

Ich behaupte hier nicht, dass die Rechtsanwälte generell kein Verständnis von Kommunikation haben. Aber ich warne davor, ausschließlich (!) oder überwiegend (!) juristische Interpretationen auf einen Sachverhalt als Grundlage für eine Kommunikationsstrategie zu nutzen.

Ein Juwel: Rechtsanwälte mit Gespür für Medienmechanismen

Zwei kurze, juristische Beispiele: So arbeite ich seit einigen Jahren mit einer Fachkanzlei zusammen, die unter anderem auf Umweltrecht spezialisiert ist. Hier haben wir oftmals Fälle, die juristisch klar liegen – die aber in der Öffentlichkeit enorm Wellen schlagen könnten. Diese Wellen dämmen wir mit einer begleitenden Kommunikationsstrategie entsprechend ein.

In einem anderen Fall hatte die Firma es mit einem Verdachtsmoment auf Vergewaltigung innerhalb der Belegschaft zu tun. Ein männlicher Angestellter galt als mutmaßlich Beschuldigter, das weibliche mutmaßliche Opfer war ebenfalls im Unternehmen beschäftigt, äußerte sich jedoch nicht weiter zu dem Sachverhalt, weil sie inzwischen wieder ins Ausland gezogen war und die Familie diesen Vorgang als Schande empfand. Hier spielten interkulturelle Faktoren eine ganz wesentliche Rolle bei der Aufarbeitung des Sachverhaltes.

Der Rechtsstreit betraf nun den von der Firma entlassenen mutmaßlichen Täter und die Firma selbst. Ich wurde von der Kanzlei des Unternehmens beauftragt. Die Kanzlei des Unternehmens äußerte die Vermutung, dass die Gegenseite mangels Aussicht auf Erfolg ihre Schriftsätze an die Presse durchreichen könnte, um außerhalb eines Rechtsverfahrens entsprechenden Druck auf die Firma aufbauen zu können. Der gekündigte Mitarbeiter (der nach Indizienlage durchaus Täter sein konnte, jedoch nicht rechtskräftig verurteilt war), forderte Schadenersatz vom Arbeitgeber, da er unschuldig sei und die Entlassung deshalb ebenfalls zu Unrecht erfolgt wäre.

Es gab somit zwar berechtigte Anhaltspunkte für die Verfehlung des Mitarbeiters, jedoch leider auch Unklarheiten darüber, ob der Sexualverkehr einvernehmlich geschah oder nicht. Mir lag Bildmaterial aus WhatsApp-Chats vor, auf dem die Mitarbeiterin, die sich als Opfer bezeichnete, halbnackt posierte und das sie direkt an den Beschuldigten geschickt hatte – zeitlich NACH dem Sexualverkehr, der ihren Anschuldigungen zufolge *nicht* einvernehmlich gewesen sein soll. Augenzeugen aus dem Kollegenkreis sprachen hingegen von einem „beziehungsähnlichen Verhältnis" der beiden Akteure. Ein diffiziler Fall voller Ungereimtheiten, Widersprüche und unklarer Faktenlage, die hier nur oberflächlich wiedergegeben und in der Sache nur gerichtlich sauber aufbereitet werden können. Mit meiner Vorstellungskraft fällt es mir schwer anzunehmen, dass eine vergewaltigte Frau anschließend dem Täter noch Fotos schickt, die sie halbnackt im Bett zeigen. Aber auch dafür mag es nachvollziehbare Gründe geben und spricht einen Täter nicht von seiner Schuld frei. In solchen Momenten bin ich froh, dass ich nicht juristisch über den Fall urteilen muss.

Nun lesen sich juristische Schriftsätze für Laien oftmals dramatischer, als sie es juristisch sind. Insbesondere dann, wenn sich das Unternehmen im Interesse des Beschuldigten dafür einsetzt, eine Klage abzuwehren. Hier fand dann meinerseits eine entsprechende Schlussredaktion statt. Ausschließlich durch die Brille, wie diese Schriftsätze in der Presse wirken würden. Juristisch wurde dabei nichts verändert, außer, dass sich die Gegenseite vermutlich über die ein oder andere Juristen-untypische Formulierung gewundert haben mag.

Als Journalist weiß ich natürlich, welche Schlagzeilen und Artikel ich aus juristischen Formulierungen der Anwälte produzieren kann, ohne gegen journalistische Standards zu verstoßen. Hier setzt meine Beratungsleistung entsprechend an. Natürlich entstehen hier Kosten, die von einem Pflichtverteidiger nicht gedeckt werden können. Aber derartige Fälle landen in der Regel nicht bei einem Pflichtverteidiger, sondern bei Unternehmen, die entweder über eigene Rechtsanwälte verfügen, oder zumindest die Mittel für eine qualifizierte Rechtsberatung aufbringen können, beziehungsweise diese Mittel aus anderen Budgets herbeischaffen, weil hier gerade ein medialer Flächenbrand droht.

In derartigen Fällen sichere ich mich gegenüber meinen Auftraggebern entsprechend ab, falls sie mich bei der kommunikativen Betreuung anlügen sollten und ich meine Reputation dadurch gefährdet sehe. Das geht über eine sofortige Niederlegung des Mandates deutlich hinaus und kann hier nicht detailliert wiedergegeben werden. Ich finde diese Vorgehensweise nur fair, denn ich unterschreibe schließlich auch die wüstesten Dokumente mit wüstesten Konventionalstrafen, wenn ich gegen Vertraulichkeiten oder Absprachen bei meinen Klienten entsprechend verstoße. Dann kann ich bei Einsatz meiner Reputation auch Ähnliches von der Klientenseite erwarten.

Wie bei Anwälten auch, gibt es bei mir gelegentlich Pro-Bono-Fälle. Das ist mir auf der einen Seite ein persönliches Bedürfnis, mein Know-how auch dort einzubringen, wo man meine Stunden- und Tagessätze nicht so ohne Weiteres bezahlen kann und wo ich es gesellschaftlich wichtig finde, in der Kommunikation eine Korrektur vorzunehmen. Auf der anderen Seite ist es auch kaufmännisch gesehen sinnvoller, gelegentlich Fälle unentgeltlich zu unterstützen, anstatt den Honorarsatz zu dritteln.

Todesfall im Wald

So verschwand beispielsweise aus einem Wohnheim für geistig beeinträchtigte Menschen ein erwachsender Heimbewohner, der mit seinem Fahrrad aufgebrochen war. Er war in seiner Entwicklung so weit, dass er einige vertraute Wegstrecken unbegleitet und selbstständig absolvieren durfte. Als er am Zielort nicht kam, ahnte man bereits das Schlimmste. Über Tage wurde er vermisst. Das war im Hochsommer, während große Hitze herrschte. Am Ende wurde er tot im Wald aufgefunden und ein Fremdverschulden konnte zunächst nicht ausgeschlossen werden. Die Polizei hatte eine Wärmebildkamera per Hubschrauber eingesetzt, durchkämmte ein Waldgebiet zusammen mit einigen Freiwilligen. Alles Maßnahmen, die man schlecht unbemerkt von der Öffentlichkeit hätte durchführen können. Darüber hinaus wurde der Vermisste mit Aushängen im Dorf und der näheren Umgebung gesucht. Für die Kommunikation war die Situation besonders schwierig: Zum einen wegen der anderen Bewohner des Wohnheims, zum anderen aber auch wegen der Öffentlichkeit, die sich entweder besonders entrüstet über angebliche Verfehlungen der Verantwortlichen zeigen könnte, oder aber Vorurteile über Menschen mit geistiger Beeinträchtigung hatte, von denen angeblich eine Gefahr ausgehen könnte.

Als der Vermisste tot gefunden wurde, fehlten ihm die Geschlechtsteile.

Wie geht man mit solchen Informationen um, wenn auch die Angehörigen täglich mehrmals anrufen und Neuigkeiten wissen möchten? Wir haben diese Information zunächst zurückgehalten, bis sie keine Rolle mehr spielte. Ein Jäger hatte uns zwischenzeitlich – und vor Ende der Obduktion durch die Gerichtsmedizin – erläutert, dass Wildschweine die Angewohnheit haben, zunächst an die Weichteile eines Leichnams zu gehen. Eine Autopsie brachte dann Gewissheit: Ein Fremdverschulden war ausgeschlossen, der Vermisste war an Dehydration verstorben, weil er sich im Wald verirrt hatte und keine Getränke mitgenommen hatte, die er für die ursprüngliche Strecke auch bei großer Hitze nicht gebraucht hätte. Wir hatten es hier also nicht mit einem Gewaltverbrechen zu tun, sondern einfach nur mit einem tragischen Unglück.

In der Retrospektive waren für mich zwei Dinge besonders wichtig in der Kommunikation: Die Heimbewohner hatten das Bedürfnis, bereits während der Suche und ohne Gewissheit über das Schicksal des Betroffenen auf Facebook eine virtuelle Kerze anzuzünden. Aus einem christlich-religiösen Ansatz heraus durchaus nachvollziehbar, aber die Wirkung in der Öffentlichkeit wäre fatal gewesen: Eine angezündete Kerze hätte man auch als Trauer über den Tod des Vermissten interpretieren können, über dessen Tod man zu diesem Zeitpunkt nichts wissen konnte. Das, was als Symbol der Hoffnung gedacht gewesen wäre, hätte wie ein Symbol der Verzweiflung wirken können.

Social Media wurde so genutzt, dass man dort Aufrufe zur Suche nach dem Vermissten mit Hinweis auf sein gutmütiges Wesen und dass keine Gefahr von ihm ausgehen würde, gestartet hatte und über Zwischenstände bei der Suche berichtete.

Der entscheidendste Punkt war die Familie des Vermissten. Selbst, wenn es keine neuen Sachstände gab, waren die Angehörigen vonseiten der Heimleitung/Kommunikation regelmäßig und zuweilen mehrmals täglich eingebunden. Damit entstand ein stabiles Vertrauensverhältnis zwischen Geschäftsleitung und Angehörigen.

Wenn dies in der Hektik des Tagesalltags nicht geschieht, entsteht oft aus der Verzweiflung heraus, der Sorge um einen geliebten Angehörigen, der Ungeduld, der Unkenntnis der nächsten polizeilichen Maßnahmen und vielen anderen Faktoren, eine Kommunikation, die in den Sozialen Medien und der regulären Presseberichterstattung böse Schlagzeilen produzieren kann: „Angehörige ratlos/fassungslos/verzweifelt/wütend: Wo ist mein geliebter Bruder?“, „Schwere Vorwürfe gegen XYZ-Heim: Warum schweigt die Geschäftsleitung?“, „Bruder des vermissten [Vorname, Nachname]: Wir bekommen keine Unterstützung!“ und so weiter, und so weiter.

Dadurch, dass die Familie auch im Vertrauen stets auf dem laufenden Stand war, sind uns diese Schlagzeilen erspart geblieben.

Immer auf dem laufenden Stand – mit Ausnahme der fehlenden Geschlechtsteile. Dieses Detail wollten wir der Familie nicht unnötig zumuten und es hätte für die Information „Man hat ihren Angehörigen tot aufgefunden und die Polizei hat noch nichts über die Todesart mitgeteilt" keine wirkliche Rolle gespielt. Lediglich Spekulation hätte es auf den Plan gerufen. Eine (leider) sehr gute Gelegenheit, die Geschichte in sogenannten[21] Sozialen Medien und der Presse am Laufen zu halten. Als die Gerichtsmedizin eindeutig geklärt hatte, dass der Vermisste an Dehydration gestorben war, spielten die fehlenden Geschlechtsteile keine so große Rolle mehr. Zu diesem Zeitpunkt war er bereits tot. Er hat dadurch nicht zusätzliches Leid erfahren müssen.

Es ist sinnvoll, diese beiden Tipps aus der Kommunikation rund um den vermissten Behinderten auch für schwere Arbeitsunfälle zu berücksichtigen. Auch hier kommt den Angehörigen unter Umständen eine Schlüsselfunktion zu, was die emotionale Wahrnehmung in den Medien und der übrigen Öffentlichkeit via Twitter, Facebook und vielen anderen Kanälen betrifft.

Konflikt: Rechtsanwälte und mediale Notwendigkeit

Vorsicht bei Haftungsfragen! Hier gehen Rechtsanwälte gerne auf Nummer sicher und raten unter Umständen dazu, gar keine Kommunikation mit den Angehörigen zu führen. Bis hin zu den Ratschlägen, auf Angehörigenbesuche oder Blumengeschenke und Kränze ganz zu verzichten. Gottseidank ist das inzwischen die Ausnahme, aber überlegen Sie bitte, wie das gegenüber der Öffentlichkeit – aber auch der eigenen Belegschaft – aussieht, wenn Sie sich nach einem solchen Ereignis in den kommunikativen Lockdown begeben. Insbesondere dann, wenn es sich nach Zeugenaussagen höchstwahrscheinlich um einen Suizid handelt. Beispielsweise ein erfahrener Autobahnmitarbeiter, der am ersten Tag nach Aberkennung des Sorgerechtes für seine Tochter beim Überqueren der Fahrbahn im fließenden Verkehr offensichtlich genau den Augenblick abwartet, wo er auf einen LKW trifft, der ihm nicht mehr ausweichen kann. Oder ein Arbeiter, der ungesichert an einer Brücke arbeitet und seinen tödlichen Sturz selbst herbeiführt.

Oftmals kommt es auch auf die Schnelligkeit an, wer zuerst mit der Presse kommuniziert. Beispiel ist ein Brückeneinsturz während einer Baumaßnahme. Die Zeitung schreibt: „Nun muss ein Gutachter prüfen, ob die Bauarbeiter sich an die Vorgaben der Statiker gehalten haben." Damit ist klar, wer als erster mit der Presse gesprochen hatte: Die Statiker. Wäre es die Baufirma gewesen, hätte die Zeitung genauso journalistisch korrekt geschrieben: „Nun muss ein Gutachter prüfen, ob die Berechnungen der Statiker korrekt gewesen waren." Für Sie als Medienkonsumenten macht das keinen großen Unterschied. Für die beiden beteiligten Unternehmen aber sehr wohl.

In der Regel sind die privaten Unternehmen, die im Auftrag der Öffentlichen Hand arbeiten, in einem wesentlichen Nachteil bei der Krisenkommunikation: Als Bauherr legt die Öffentliche Hand gerne fest, dass man sich alle Rechte in Bezug auf die öffentliche Kommunikation vorbehält. Das ist unbedenklich, solange nichts Ernstes passiert. Aber ein Sachbear-

21 Ich verwende diese Relativierung bewusst, denn im Deutschen ist der Begriff „Soziale Medien" oft irreführend, da diese Medien oft alles andere als „sozial" im eigentlichen Wortsinn genutzt werden. Man muss unterscheiden zwischen „sozialer Gruppe" und „sozialem Denken und Handeln".

beiter legt eine Krisenkommunikation schon mal gerne von Freitagnachmittag auf die routinemäßige 11-Uhr-Dienstbesprechung am Montag, während bei dem Bauunternehmen von Freitag bis Montag nonstop die Hölle losbricht. Nicht unbedingt bei tödlichen Arbeitsunfällen, aber wenn der Zoll am Freitagmorgen eine Razzia wegen angeblicher Beschäftigung von Schwarzarbeitern startet, muss das in der Behörde deshalb nicht unbedingt in der Priorität nach vorne rutschen. Die Behörde ist zwar Bauherr, kümmert sich jedoch nicht um die Angestelltenverhältnisse der Baufirma. Fazit: Der Vorgang ist drei Tage später am Montag auch noch frisch genug. Und am Fliegenfänger hängt schließlich nicht die Behördenleitung, sondern die Geschäftsleitung des Bauunternehmens.

Im Zweifel muss man sich über entsprechende Vereinbarungen hinwegsetzen. Das geschieht dann in der Regel hinter den Kulissen, in vertraulichen Hintergrundgesprächen. Oder über einen dazugebuchten Dritten, der in Sachen Kommunikation gewisse Freiräume auslotet. Oder durch einen sogenannten Spin, wo man Journalisten bestimmte Fragen einimpft, sie auf bestimmte Gedankengänge bringt und dann die Sache ihren selbstständigen Lauf nimmt. Es versteht sich auch juristisch von selbst, dass die Geschäftsleitung solche Dinge nicht unbedingt selbst anstoßen sollte. Sie ahnen sicher schon, worauf und auf wen solche Dinge hinauslaufen. Im Zweifelsfall sollte hier auch eine Rechtsberatung erfolgen. Nicht unbedingt durch die gleichen Anwälte, die zusätzlich das Unternehmen beraten. Das hängt von der jeweiligen Situation ab.

Ein anderes Unternehmen beklagte sich bitter über die fehlerhafte Berichterstattung einer ZDF-Sendung. Dort wären massiv handwerkliche Fehler vorgekommen, die sich für mich bei der Sichtung des ZDF-Originalmaterials nicht unbedingt als solche erkennbar herauskristallisierten. Aber auf die im ZDF gezeigten Fakten konnte keine Redaktion einfach so durch kreatives Ausdenken kommen. Folglich musste die Ursache woanders liegen.

Diese Ursache ließ sich dann auch schnell lokalisieren: Im SPIEGEL hatte einige Jahre zuvor ein fehlerhafter Artikel gestanden. Die Fehler dort waren nicht so gravierend, dass man dem Medium bösartige Absichten unterstellen konnte. Es waren handwerkliche Mängel, wie sie auch bei Qualitätsmedien zuweilen vorkommen. Meine erste Frage lautete: „Was haben Sie denn damals unternommen, als das im SPIEGEL stand?". Antwort: „Gar nichts. Unser Anwalt hat gesagt, man könne da nichts machen. Das sei strafrechtlich nicht relevant."

Genau DA lag das Problem des ZDF-Berichtes. Das Unternehmen hatte keine weiteren Maßnahmen mehr eingeleitet, nachdem der hinzugezogene Strafrechtler keine Aussichten auf Erfolg versprach. Vor Gericht. Aber was ist mit der Öffentlichkeit? Frage ich einen Strafrechtler, dann wird dieser höchstwahrscheinlich den Fall auch strafrechtlich bewerten und eine entsprechende Empfehlung aussprechen. Das hilft nicht unbedingt bei der medialen Wahrnehmung und ihrer möglichen Korrektur.

Als das ZDF sich Jahre später des Themas annahm, stieß man online natürlich neben anderen Quellen auf den SPIEGEL-Artikel, der – und da können wir dem SPIEGEL keinen Vorwurf machen – unverändert im Netz stand. Das Unternehmen wähnte diesen Text bei Google weiter hinten und als nicht relevant. Doch bei der konkreten Recherche zu konkreten Vorwürfen gegen Produkte des Unternehmens landete dieser Artikel durchaus auf Seite 1 bei Google. Somit hat er die ZDF-Redaktion genau in die Richtung gelenkt, die schon vor

Jahren beim SPIEGEL[22] falsch gewesen war. Nur mit dem Effekt, dass man der TV-Berichterstattung nun mehr Dramatik beimaß als seinerzeit dem SPIEGEL. Das Unternehmen hatte damals den strategischen Planungsfehler begangen, niemanden im Unternehmen konkret für externe Kommunikation zu benennen. Das machten die Geschäftsführer jeweils für ihren eigenen Geschäftsbereich so nebenher einfach mit. Das war zum damaligen Zeitpunkt (es handelte sich um ein Pharma-Start-up in einem Nischenmarkt) nachvollziehbar gewesen – fiel ihnen Jahre später böse auf die Füße. Auf die Idee, das Gespräch mit der SPIEGEL-Redaktion zu führen und wenigstens die Online-Version des Artikels verändern zu können, sind sie damals nicht gekommen. Der Anwalt wiederum hatte den Sachverhalt nur strafrechtlich geprüft und verfügte offenbar noch nicht über die Sensibilisierung, dass man solche Angelegenheiten auch informell lösen kann. Manchmal verhängen Medien über massiv fehlerhafte Artikel auch einen Sperrvermerk. Dann wird der Text nicht mehr online abrufbar gemacht und auch aus dem Archiv kann man ihn nur ganz schwer und mit viel Aufwand bekommen.

Wie soll eine Redaktion Fehler korrigieren können, wenn man die Gelegenheit versäumt, mit ihnen über diese Fehler zu sprechen? Einer der Hauptfehler der Krisenkommunikation: Im Falle der Fehlberichterstattung nur rechtlich dagegen vorgehen – sich aber inhaltlich vor der Arbeit drücken. Keine gute Grundlage für einen langfristigen Krisenerfolg.

Denkanstöße

1. *Ent-Emotionalisieren Sie den eigenen Umgang mit der Krise.*
2. *Handeln Sie organisatorisch ausschließlich sachbezogen.*
3. *Kommunizieren Sie extern emotional angemessen.*
4. *Berücksichtigen Sie die Wahrnehmung der Öffentlichkeit.*
5. *Achten Sie auf die emotionale Wahrnehmung Ihres Handelns in der Öffentlichkeit.*
6. *Niemand interessiert sich für Ihre internen Probleme.*
7. *Niemand hat Verständnis für den Druck, dem Sie intern oder in der Öffentlichkeit ausgesetzt sind.*

22 Der SPIEGEL gehört zu den klassischen Leitmedien in Deutschland. Als Leitmedien bezeichnet man Medien, die besondere Richtungsweisung auch für andere Medien in der Berichterstattung haben. Beispielsweise FAZ, Süddeutsche Zeitung, SPIEGEL, Welt, BILD, ARD, ZDF, RTL, Pro7, Deutschlandfunk usw. Keine wirklichen Leitmedien wären demnach Radio Leverkusen, Mannheimer Morgen, Lokal TV für Haltern am See und Dülmen, ARTE oder RTL 2 (die Redaktionen mögen es mir bitte nachsehen), sofern sie nicht eine Exklusiv-Geschichte mit bundesweiter Relevanz veröffentlichen.

1.2 Kräfte, die auf Sie einwirken

Sie werden sich wundern, was alles an unterschiedlichen Faktoren an Ihren Nerven zehrt, Ihre Ressourcen in Anspruch nimmt und die Berichterstattung sowie die Selbst-Berichterstattung der Öffentlichkeit in Sozialen Netzwerken befeuert. Gehen wir die wichtigsten, die für die meisten Branchen gelten, einmal der Reihe nach durch.

1.2.1 Zulieferer

Zulieferer können in der Krisenkommunikation auch die Problemverursacher einer Krisenkommunikation sein. Fehlerhafte Zuliefererteile, schlimmstenfalls noch sicherheitsrelevant, können das Image Ihrer Marke entsprechend beschädigen. Apple beispielsweise bestellt Displays beim Konkurrenten Samsung, mit dem man aber auch die eine oder andere Patentstreitigkeit vor Gericht austrägt. Auf der einen Seite Geschäftspartner, auf der anderen Seite Konkurrenten und auf einer weiteren Ebene sind die beiden erbitterte Gegner, die sich mit Klagen überziehen. Anfang 2021 drosselte General Motors an sieben Standorten die Produktion – weil Halbleiterchips aus China fehlten. War das abzusehen? Nun ja: US-Präsident Donald Trump hatte sich nicht gerade als großer Anhänger guter Handelsbeziehungen zwischen China und den USA hervorgetan. Sein Nachfolger Joe Biden schickte deshalb Teile des diplomatischen Korps auf Verhandlungsmission.[23]

Finanzielle Schieflagen der Zulieferer können ebenso problematisch sein wie regionale Lieferengpässe oder Compliance-Verstöße, die dort in den Unternehmen begangen werden. Arbeitsbedingungen bei Zulieferern, insbesondere der Textil- und Nahrungsindustrie, können zu Problemen bei Ihnen führen. Da nutzen Ihnen die ganzen schriftlichen Vereinbarungen und Verträge nichts, in denen Sie Umwelt- und Sozialstandards, beispielsweise den Ausschluss von Kinderarbeit und Lohndumping, schriftlich festgelegt haben. Beim Mobilfunktelefonhersteller Foxconn im südchinesischen Shenzhen gab es eine Serie von Selbstmorden. Grund waren offenbar die extremen Arbeitsbedingungen der Beschäftigten dort. Beliefert wurden von Foxconn die Marken Apple, Samsung und Microsoft. Zehn Arbeiter stürzten sich aus dem Gebäude, von dem Dach oder angrenzenden Wohngebäuden im Laufe der Zeit in den Tod. Verbesserungen? Kommt darauf an, welche Haltung Sie dazu haben: Man beschäftigte zunächst Psychologen und erhöhte die Löhne.

Aber was besonders zynisch war: Man hängte Netze an die Außenfassade der Gebäude, damit ein Springender nicht zu Tode kommen würde. Das ist so, als ob man in Guantanamo kostenlos Bepanthen-Wundsalbe verteilt und sich dafür feiern lässt.

Inzwischen sollen die Arbeitsbedingungen besser geworden sein. Es gibt bezahlte Überstunden und zwei Tage in der Woche frei. Das klingt nach westlichen Verhältnissen, lediglich bei 600 Euro Monatsverdienst. Die 20 Euro Selbstbeteiligung fürs Wohnheim klingen entspannt – allerdings teilt man sich mit sieben anderen Werktätigen das Zimmer.[24] Natür-

23 U.a. Handelsblatt vom 12.4.2021: „Wie Joe Biden die Halbleiterkrise lösen will".

24 Artikel von Stefan Wurzel für Deutschlandfunk: „Nach Selbstmordserie bei Foxconn: Arbeitsbedingungen nicht grundlegend verbessert".

lich muss man diese Löhne nach lokalen Gegebenheiten bewerten. Kein Problem. Zum Vergleich: Das Durchschnittseinkommen in größeren chinesischen Städten beträgt 980 Euro.[25] Der Foxconn Lohn ist demnach immer noch ein knappes Drittel niedriger.

Ein anderer Krisenaspekt wird bei Zulieferern oftmals vernachlässigt: Dass ein Zulieferer in Erklärungsnot gerät, wenn man selbst als Abnehmer der Waren zweifelhaften Ruf genießt. So müssen sich Zulieferer oft dafür rechtfertigen, warum sie bestimmte Konzerne noch beliefern. Das kann bei einer schlecht gemanagten Krisenkommunikation zusätzliche Risiken für Sie bedeuten. Darüber hinaus muss mit den Zulieferern die Kommunikation kontinuierlich abgestimmt und tagesaktuell angepasst werden. Dabei haben Sie auch die Bedürfnisse und Sichtweisen des Geschäftspartners entsprechend im Auge zu halten, denn sonst kann sich die Kraft der Krisenkommunikation nicht entfalten.

Ein weiteres Risiko kann auch in der Wahl der Gesellschaftsform liegen. Haben wir beispielsweise auf der einen Seite eine Aktiengesellschaft, die mit Zulieferer-GmbHs arbeitet, von denen auch einige mittelständische Familienbetriebe sind, die noch inhabergeführt agieren? Hier schlagen unter Umständen die (kalte) Sichtweise und ihr emotionsloser Sachzwang aus Aktienrecht und Vorstandshaftung durch und treffen auf emotionale Unternehmerfamilien in dritter oder vierter Generation. Eine echte Herausforderung an die Business-to-Business-Kommunikation.

1.2.2 Kunden B2B, B2C

Ihre Kunden geben Ihnen Geld. Und Geld ist objektiv eine messbare Größe für Verbrauchervertrauen und die Stabilität einer Geschäftsbeziehung. Das alleine sollte als Argument schon ausreichen, um einen sorgfältigen Umgang mit dieser Gruppe zu pflegen. Dabei verhalten sich Kunden unterschiedlich. Aus meiner Erfahrung heraus kann ich sagen, dass die Kunden im B2B (Business to Business[26]) etwas sachbezogener und weniger emotional reagieren als Kunden aus dem Bereich B2C (Business to Consumer[27]). Wer Markenkleidung trägt, um damit auch sein eigenes Ich ein wenig aufzupolieren, der reagiert besonders emotional, wenn er sich dafür plötzlich rechtfertigen muss. Beispielsweise, wenn Sneaker von Kindern in Asien zusammengeklebt werden, hier aber 300 Euro und mehr kosten sollen.

Und genau beim B2C muss hier wieder der Begriff „Shitstorm" fallen. Inzwischen ist dort ein klarer Trend zu erkennen: Die Heftigkeit der Shitstorms nimmt zwar zu, weil das Netz derzeit ein rechtsfreier Raum voller Hass, Morddrohungen und Fäkaliensprache geworden ist, dafür ebbt die Dauer ab. Allerdings sind die Auswirkungen von Produktboykott und Shitstorm unter Umständen umso heftiger in ihren Folgeerscheinungen.

Wer in öffentlichen Ausschreibungen den Auftrag für den Bau von Schienenabschnitten für die Bahn erhält, der hat einen anderen Planungshorizont als Schokolade- und Waschmittelproduzenten. Beispielsweise, wenn die Zeitschrift Ökotest Mineralölrückstände in

25 Quelle: Statista. Jahreseinkommen 2019 in Dollar umgerechnet von mir in 2021er Euro. Eine gewisse Unschärfe ist in der Zahl deshalb unvermeidlich, eine Einordnung dürfte aber dennoch deutlich werden.

26 Bspw. Straßenbau, Schienen, ÖPNV-Busse.

27 Bspw. Waschmittel, Autos, Schokolade.

Schokolade entdeckt. Dort sind beispielsweise „dm Bio Vollmilch" und „Hachez Dunkle Vollmilch" auffällig geworden und die Schlagzeile des Portals News.de lautet: „Mineralöl-Skandal: Diese Schokoladen sind verpestet."[28] Wohlgemerkt nach dem Hinweis: „Ökotest im Dezember". Hier wird die Wirkung durch die Verkürzung der Schlagzeile deutlich. Journalistisch korrekt müsste es heißen: „Laut Ökotest..." Dazu folgt eine Liste der untersuchten Schokoladen – aber ohne Hinweise darauf, welche jetzt mehr und welche weniger mit Mineralöl belastet sind. Schließlich geht dieser Bericht auf eine Untersuchung von Ökotest zurück, deren Wahrheitsgehalt zwar stimmen mag – der aber vom B-Medium News.de, das diese Meldung aufgreift in der Berichterstattung, nicht verifiziert wird, beziehungsweise verifiziert werden kann. Somit wird hier aus einer Einzelmeldung eines Unternehmens Ökotest, das sich durch die Schokoladen-Untersuchung zum aktiven Akteur einer Nachricht macht, nun ein handfester Fakt in der Wahrnehmung bei den Medienkonsumenten.

Weiterführende Information gibt es erst hinter der Paywall von Ökotest. Auch das ist journalistisch nicht zu beanstanden, denn Sie haben als freier Mensch zwar Anspruch auf kritischen Journalismus in einer demokratischen Gesellschaft, nicht jedoch Anspruch darauf, diesen Journalismus kostenlos zu erhalten. Das ist wie mit dem Recht, einen Rolls Royce fahren zu dürfen. Der wird Ihnen auch nicht kostenlos gestellt – Sie müssen schon dafür Geld ausgeben. Sie kennen den allgemeinen Umgang mit der Paywall von ihrem eigenen Nutzerverhalten: Oftmals genügt uns der Free-Content bereits zur Meinungsbildung. Meinen wir. Auf jeden Fall handeln wir entsprechend.

Nach einer Schlagzeile: „Gammelfleischskandal jetzt überall in Deutschland" gehen die wenigsten Menschen los und genehmigen sich erst einmal einen „Döner alles mit scharf" oder stocken die Grillfleischvorräte in der eigenen Kühltruhe auf. Die meisten Verbraucher konnten vermutlich mit dem Begriff „Listerien" relativ wenig anfangen. Oder mit der Firma Wilke Waldecker Fleisch- und Wurstwaren GmbH & Co KG. Die Waren wurden beispielsweise in den Restaurants von IKEA oder zahlreichen Hotels verwendet.

Aber die Schlagzeile „25 Todesfälle vermutet"[29] geht in diesem Artikel auf die Aussage eines Justizsprechers zurück. Wirklich? Von 37 erkrankten Menschen waren 22 gestorben. 3 Fälle von diesen 22 waren definitiv auf Listerien zurückzuführen, 19 wurden zu diesem Zeitpunkt noch überprüft. Also 22 minus 3 gleich 19. Der Münchner Merkur gibt als Quelle einen 6 Monate alten Artikel der Bildzeitung[30] an, die sich wiederum auf einen Justizsprecher bezieht. Irgendwo auf dieser Strecke werden dann von 22 *minus* 3 auf einmal 22 *plus* 3 – und diese Todesfallerhöhung geht nicht auf den Text der BILD zurück. Dabei ist es in der Berichterstattung absolut korrekt, dass die Staatsanwaltschaft den Verdacht überprüft und es ist ebenso korrekt, dass die Staatsanwaltschaft diese Überprüfung der Presse mitteilt und es ist ebenso korrekt, dass die Presse dies berichtet. Aber was ist mit dem Bericht, wenn sich dieser Verdacht nicht erhärten lässt? Ist eine Meldung „Doch keine 25/22 Tote durch Listerien" eine Meldung, die Sie wiederum klicken und lesen?

28 In einer weiteren Zwischenüberschrift steht „verseucht".
29 Münchner Merkur vom 13.5.2020.
30 BILD vom 6.11.2019.

Das ist nachvollziehbar – aber nicht gut. Denn es sorgt dafür, dass wir es in der Krisenkommunikation schwerer und mühseliger haben, als es sein müsste.

Ähnlich verhält es sich bei den Zahlen der Covid19-Toten in der Pandemie. Sind es „Corona-Tote" oder „an oder mit Corona Verstorbene"? Die Medien haben nach anfänglicher Kritik, die sicher auch in Teilen berechtigt war, ihre Formulierungen angepasst und ggf. auch korrigiert.

1.2.3 Partner- und Tochterfirmen

Journalisten machen es sich oftmals einfach: Wenn ich beim beschuldigten Unternehmen *Alpha* nicht weiterkomme, kann ich doch deren Tochterfirma oder Partnerfirma aus dem Konzern, *Alpha Beta* nachfragen. Für eine Stellungnahme genügt das unter Umständen. In der Berichterstattung heißt es dann nicht „Die Alpha nimmt dazu wie folgt Stellung", sondern „Auch in der Tochterfirma Alpha Beta macht man sich große Sorgen: „Wir wissen auch noch nicht, wie sehr sich das auf unser Geschäft niederschlagen wird…".

Darüber hinaus muss die Kommunikation mit den Partner- und Tochterfirmen zeitnah und eng erfolgen. Zumindest auf der Geschäftsführerseite und natürlich der jeweiligen Unternehmenskommunikation.

Haarscharf: Insolvenz-Kommunikation koordinieren

Zu meiner Zeit als Geschäftsführender Gesellschafter zweier Firmen, an denen ich prozentual mit 25 bzw. 50 Prozent nennenswert beteiligt war, geriet unser 50-Prozent-Anteilseigner in Schieflage. Unsere Auftragslage sah zu diesem Zeitpunkt schon mal besser aus, aber wir waren dank konservativer Planung ohne leichtfertig abgeschlossene Leasing- oder Ratenmodelle stabil aufgestellt und auch bei widrigen Umständen zeichnete sich trotz ungünstigster Entwicklung beider Firmen ein Ergebnis im schwarzen Zahlenbereich ab. Besonders betroffen von der Schieflage war eine große Firma im Netzwerk, an der wir keine Anteile hatten und wir hatten dort ebenso keine Zuständigkeiten oder Befugnisse im Management. Wir waren zwei selbstorganisierte Firmen, an denen der Konzern über seine Holding beteiligt war; der von der Holding entsandte Geschäftsführer war eine Formsache: Er bezog kein Gehalt und griff auch nicht ins operative Geschäft ein. Aufgrund einer besonderen Konstruktion aufseiten unseres Mitgesellschafters war es ausgerechnet diese Holding, die in Schieflage geraten war.

Bei unseren Kunden haben wir mit der Konzernstruktur geworben und die Netzwerkstärken und Synergieeffekte stets deutlich herausgestellt. Was gestern noch eine Stärke war, war über Nacht ein kommunikativer Handlungsauftrag geworden, damit es morgen nicht zu einer Schwäche werden würde.

Die Geschäftsführerkollegen der Holding und der größten Firma im Netzwerk informierten mich, dass man am Tag X um 9.30 Uhr die Belegschaft auf harte Zeiten einstellen müsse und auch nennenswerte Zahlen von Entlassungen kommunizieren werde. Ich verschob unser eigenes Teammeeting auf 9.30 Uhr und informierte zeitgleich die eigene Belegschaft. Kontrolle über das Narrativ übernehmen, heißt das in meiner Branche. Im Fußball heißt das

„hinter den Ball kommen", damit man das Spiel bestimmen kann. Im 1x1 der Krisenkommunikation ist das ein absolut richtiger Schachzug.

Dachte ich.

Denn die Kollegen der Partnerfirma hatten ihr Meeting kurzfristig nach hinten verschoben. Um mehr als 24 Stunden. Mit dem feinen Detail, dass ich davon nicht in Kenntnis gesetzt worden war.

Menschlich nachvollziehbar angesichts dessen, was die Kolleginnen und Kollegen dort gerade um die Ohren hatten – aber fatal für die konzerninterne Kommunikation. Denn: Meine Mitarbeiter/innen waren nun von mir vollumfänglich informiert, während die später wirklich Betroffenen in der anderen Firma weiterhin fröhlich und ahnungslos ihrer Arbeit nachgingen.

Das war dünnes Eis für mich als Geschäftsführer und ein enormes Risiko für die Geschäftsleitung in der Konzernzentrale, wo zahlreiche Firmen des Netzwerks unter einem Dach arbeiteten. Der GAU wäre gewesen, wenn diese Mitarbeiter ausgerechnet von meinen Mitarbeiterinnen und Mitarbeitern Informationen über ihre bevorstehende Entlassungswelle erhalten hätten. Sicher hätte ich meine Mitarbeiter auch NACH der Mitteilung der Holding offiziell informieren können – aber auch hier wollte ich das Narrativ in den von mir geleiteten GmbHs steuern.

Denn: Wie sich später herausstellen sollte, verbreitete sich die Nachricht über die Handys der Angestellten bei der dann später offiziellen Informationsveranstaltung wie ein Lauffeuer unter den über 100 Mitarbeitenden der Unternehmen aus dem Konzern, noch bevor die Meetings mit der Geschäftsleitung dort abgeschlossen waren. Genau diese Unruhe im Netzwerk wollte ich für unsere beiden Firmen vermeiden. Wir hätten leicht in einen Strudel geraten können, denn unsere PR-Etats waren von Werbe- und Event-Etats zwar unabhängig, aber Kunden hätten durchaus dazu neigen können, diese Etats „aufgrund der besonderen Situation" bei uns abzuziehen. Ich musste unbedingt darauf hinarbeiten, dass jetzt – nachdem wir immer mit den Vorteilen der Konzernstrukturen und des Agenturnetzwerks geworben hatten – vor allem unsere formale Unabhängigkeit die Stärke der Stunde sei. Also genau das Gegenteil von dem, was wir bisher kommuniziert hatten. Anspruchsvoll, aber lösbar.

Mein eigenes Team wurde eingeschworen, nichts nach außen zu kommunizieren. Dort, wo es in laufenden Projekten Schnittstellen zu anderen Firmen des Netzwerks gab, ordnete ich eine zweitägige Pause laufender Projekte an unter dem Vorwand, man habe hier gerade eine andere Aufgabe dringender zu erledigen. Das, was in den laufenden Projekten unaufschiebbar war, landete bei mir auf dem Tisch.

An die Fachpresse habe ich kommuniziert, dass unsere Firmen aufgrund der Geschäftsführer- und Anteilseigner vollumfänglich handlungsfähig sind, uns die Schieflage der Holding deshalb operativ nicht einschränkt und die Holding keine Mehrheitsanteile an uns hält. Das führte in der Fachpresse zur Formulierung „Die Holding hält nur eine Minderheit". Das hatte ich ausdrücklich nicht kommuniziert, habe aber – da es für uns strategisch von Vorteil war – auf eine Fehlerkorrektur in der Berichterstattung verzichtet. Es waren genau 50 Prozent, wie jedes Medium mit einem Blick ins Handelsregister selbst hätte recherchieren können. Keine Mehrheit, keine Minderheit. Gewissermaßen ein „Unentschieden". Meine Formulierung „Kein Mehrheitseigentümer" war natürlich korrekt gewesen. Und ja, ich habe mit der Fehlinterpretation der Medien wissentlich kalkuliert. Aber in Zeiten der Krisenkommunikation habe ich in dieser Angelegenheit keinen Ausbildungsauftrag für Redaktionen.

Dies ist übrigens einer der wenigen Fälle, wo man ausdrücklich kommuniziert, was *nicht* ist. Sonst heißt es in Coachings stets: Sagen Sie nicht, was nicht ist, sondern das, was ist. Sogar das Motto des SPIEGEL lautet: Sagen, was ist.[31]

In der Kommunikation mit unseren Kunden musste ebenfalls kommuniziert werden, dass wir weiterhin voll handlungsfähig waren, während Partnerfirmen die Leasingverträge um die Ohren flogen und die Fahrzeuge der Firmenleitung aus den Tiefgaragen geholt wurden. Unsere Firma hatte ich extrem konservativ aufgestellt: nur überschaubare Verbindlichkeiten, konservatives Zahlungsmanagement und keine luxuriösen Extras in der Geschäftsleitung. Noch nicht einmal einen Firmenwagen hatte ich mir gegönnt.

Meine Konzeption sah niedrige Verbindlichkeiten bei hoher unternehmerischer Flexibilität vor, an die man jetzt ebenso flexibel herangehen konnte. Das geht bei Leasingverträgen[32] nicht. In dieser Zeit war die größte Belastung für mich eine psychische: Gegenüber der eigenen Belegschaft Ruhe, Zuversicht und vor allem wirtschaftliche Kraft zu suggerieren. Während bei mir an der Lebensmittelkasse die EC-Karte zweimal den Gehorsam verweigerte, hatten jede Mitarbeiterin und jeder Mitarbeiter das Gehalt stets pünktlich einschließlich eventuell vereinbarter Zulagen vollumfänglich erhalten. Als Unternehmer hätte es mir das Genick gebrochen, wenn Leistungsträger die Firma verlassen und vielleicht darüber hinaus noch einen PR-Etat abgezogen hätten.

Als wir mit einem bescheidenen Gewinn von einigen Zehntausend Euro das Geschäftsjahr abschließen konnten, während um uns herum in der Gruppe viele Firmen geschlossen wurden, geplante Akquisitionen platzten, griff wieder meine Risiko-Variable als Geschäftsführer im Positiven und ich gönnte mir ein zweites Motorrad. Zwar ein zwölf Jahre altes Schätzchen, jedoch ausgesprochen gepflegt und von einer amerikanischen Kultmarke. Im Agenturnetzwerk kam das nicht so gut an: Wir kämpfen hier mit der Insolvenz und Buschardt kauft sich ein „neues" Motorrad. Das war nicht so vorteilhaft für mein Geschäftsführer-Image in der Gruppe. Aber irgendetwas übersieht man ja immer.

1.2.4 Medien

Ja ich weiß: Medien sind keine Zielgruppe, denn sie sind Medien. Aber als Faktor, der in der Krisenkommunikation eine wesentliche Rolle auf uns ausübt, sind sie eine ernstzunehmende Größe mit enormen Druckpotenzial. Hier werden Sie unter Umständen unangenehme Erfahrungen mit Medien machen, mit denen Sie bislang vielleicht ganz gut klargekommen sind.

Ein Auftraggeber von mir hatte zur Fachpresse über Jahre hinweg eine besonders innige Beziehung aufgebaut. Dachte er. In Wirklichkeit hatte er aber für den Zugang zu besonders exklusivem Content den Medien als Gegenleistung enorme Zugeständnisse abgerungen,

31 Ein Zitat des SPIEGEL-Gründers Rudolf Augstein.

32 Auch heute, als Einzelunternehmer, fahre ich nur ein Fahrzeug, das mir zu 100 Prozent auch gehört.

die wirklich grenzwertig waren und wie sie mit einem Medium außerhalb der Fachbranche nicht möglich gewesen wären. Er hatte die Redaktionen jahrelang am Nasenring durch die Manege geführt, denn ohne seine Informationen, ohne den Zugang über ihn, war sonst für die Fachpresse so gut wie nichts zu holen. Diese Abhängigkeit hatte er über Jahre geschickt ausgebaut und auch ausgenutzt. Nun schlug das Pendel in die andere Richtung aus und er war ganz entsetzt, wie man nun bei dem nicht-exklusiven Content „Wir sind in einer geordneten Insolvenz" mit ihm und seinem Unternehmen umging. Da war dann in der Krisenkommunikation nur bedingt etwas herauszuholen für ihn. Erst als sich abzeichnete, dass er aus der Insolvenz zwar angeschlagen, aber immer noch erstaunlich stark herauskommen würde, wendete sich das Blatt in der Berichterstattung für ihn wieder etwas mehr zu seinen Gunsten. Vermutlich war das ein Dieter Bohlen/Jürgen Drews-Effekt: Man mag die beiden nicht unbedingt, aber man braucht sie für die Einschalt- und Klick-Quote.

Sein wichtigstes Learning nach der Insolvenz-Krise: Er war nur noch eine Story gewesen, wie alle anderen.

Oder wie die Schauspielerin und Sängerin Anna Loos (u.a. Tatort) es einmal formulierte: „Wer seine Hochzeit der BILD-Zeitung verkauft, muss sich nicht wundern, wenn die BILD-Zeitung sich die Scheidung umsonst nimmt."[33]

Schauen wir uns drei Begriffe an, von denen einer in den Medien so gut wie gar nicht vorkommt, obwohl er für die nachrichtliche Berichterstattung der einzig richtige Begriff wäre: „gentechnisch verändert". – Stattdessen sind die Medien voll von der Formulierung „gentechnisch manipuliert", wobei man sich die Sichtweise der Kritiker zu eigen macht und sie durch die nachrichtliche Übernahme faktisch aufwertet.[34] Der Formulierung „gentechnisch optimiert" weichen unabhängige Medien gerne aus, denn sie verkörpert klar die Haltung der Industrie.

Nun ist die Formulierung „gentechnisch verändert" angesichts der oftmals in dieser Frage verhärteten Fronten aufseiten der Gentechnik-Kritiker fast schon zu positiv. Wenn Medien es dennoch vermeiden möchten, einen Sachverhalt in den Nachrichten offen wertend als „gentechnisch manipuliert" zu bezeichnen, benutzen sie gerne die indirekte Rede: „Vertreter von [Name NGO] bezeichneten es als eine Gefahr, wenn gentechnisch manipulierte Lebensmittel ungekennzeichnet in Umlauf kämen." Damit ist das Medium formal auf der richtigen Seite und macht – strenggenommen – journalistisch nichts falsch, denn die NGO wird diese Form der Lebensmittel definitiv nicht als „gentechnisch optimiert" oder „gentechnisch verändert" bezeichnen. Erst in der Summe der Berichterstattung wird ein Schuh daraus und die Wahrnehmung bei Medienkonsumierenden wird eine eher industriekritische. Ob Sie es glauben oder nicht: in einem öffentlich-rechtlichen Träger wurde ernsthaft diskutiert, ob man Pharmamanager unter den Seminarteilnehmenden schulen dürfte, weil „Pharma" ja kritisch zu betrachten sei – und sich dann dagegen entschieden.

In diesen Zusammenhängen wundert es mich nicht, dass viele Medien eher industriekritisch auftreten und dies auch in der Haltung im Umgang mit Unternehmen in der Krise besonders deutlich zum Tragen kommt. Jetzt mag man argumentieren, woher denn die

33 Zitiert aus dem Buch „BILD. Das sind wir." Nicht im Handel erhältlich, aber auch in einer Ausgabe der Frankfurter Rundschau aus dem Jahr 2013.

34 Vgl. hierzu in diesem Buch das Kapitel zum Thema: Wie Sprache uns manipuliert.

ganzen Werbeeinnahmen von Verlagen und Sendern stammen, wenn nicht aus Industriekreisen. Aber zum einen gib es rechtlich die strenge Trennung zwischen Werbung und Redaktion und zum anderen das enorme Autonomiebestreben der Redaktionen, sich um jeden Preis möglichst unabhängig von der Industrie zu geben, während sie andererseits gerne mit Affiliate-Links auf Online-Shops mitverdienen, wenn Sie ein Buch oder Elektrogerät positiv besprechen. Zumindest haben die Medien inzwischen erkannt, dass ein entsprechender Hinweis an die Leserschaft über den Erhalt möglicher Provisionen durchaus etwas Glaubwürdigkeit zurückgewinnen kann.

1.2.5 Mitarbeiter | Ex-Mitarbeiter

Viele Mitarbeitende in großen Konzernen sind schwer zeitgleich zu erreichen. Die einen sind auf entlegenen Baustellen bei der Arbeit, andere in der Spätschicht, in den Werkstätten gibt es keinen PC-Zugang und diejenigen, die gerade im Home-Office arbeiten, kämpfen gerade mit ihren Kindern um die Bandbreite oder kommen aus Sicherheitsgründen mit einem privaten Laptop nicht ins firmeneigene Intranet. Ein Klassiker: „Was sagen Sie denn zu den Standortplänen des Vorstandes?" „Ja, was soll ich dazu sagen? Uns sagt doch wieder mal keiner etwas. Wir erfahren das dann wieder als Letzte."

Ehemalige Mitarbeiter/innen wiederum gelten für Medien in der Regel als neutrale Quellen, denn sie stehen nicht mehr auf der Payroll des Unternehmens.

Warum sollte man jemandem, der 10 oder 20 Jahre für ein Unternehmen auf der mittleren Führungsebene als Schichtleiter gearbeitet hat nicht glauben, wenn er sagt: „Ich war damals schon der festen Überzeugung, dass wir mehr für die Sicherheit unserer Produkte/ für die Sicherheit unserer Mitarbeiter tun müssen. Aber Sie wissen ja, wie das in großen Unternehmen ist. Da hat man als Einzelner oft nicht die Chance, etwas zu bewegen." – Ein solches Zitat eines ehemaligen Mitarbeiters ist für Medien sehr glaubwürdig, denn es lässt den Rückschluss zu, dass es im Unternehmen – vermutlich aus Absicht der Gewinnmaximierung – zu Versäumnissen beim Arbeits- oder Gesundheitsschutz gekommen sein muss. Für die Prävention gibt es in der Regel keinen Applaus – für ein beherztes Krisenmanagement sehr wohl.

Deshalb zeigen sich Politiker/innen auch gerne in Gummistiefeln vor Sandsäcken zur Bekämpfung der Fluten in einer historischen Altstadt, obwohl sie selbst (oder zumindest ihre Partei, ihre Regierung) einige Zeit zuvor noch gegen kostenintensive Präventionsmaßnahmen gestimmt haben. Welche Medienbilder sind stärker, wenn man von der Medienwirkung abhängig ist: Politiker im Anzug bei der Abstimmung im Parlament, die für eine als abstrakt empfundene Gefahr Millionenbeträge ausgeben, oder Politiker in Gummistiefeln im Gespräch mit freiwilligen Helfern, betroffenen Anwohnern und Mitarbeitern vom Technischen Hilfswerk, der Feuerwehr oder gar der Bundeswehr?

Beachten Sie im Umgang mit Vertretern aus der Politik immer, dass diese – wie ein Waschmittel – stark von der öffentlichen Meinung abhängig sind. Politiker wie Waschmittel haben ein Verbraucherversprechen, Produkteigenschaften, Stammkundschaft, Laufkundschaft und das Interesse, ihren Marktanteil zu halten und auszubauen. Auch Kommunalpolitiker arbeiten als Vor-Ort-Betrieb in einer Konzernstruktur, die ihnen entsprechende Zugeständnisse abringt. Einziger Unterschied: Politiker/innen sind im Gegensatz zum Waschmittel noch stärker von der emotionalen Zuneigung der Menschen abhängig. Das Waschmittel kann kurzfristig verlorene Marktanteile mehr oder weniger in Echtzeit versuchen zurückzugewinnen. Politiker/innen haben dazu nur einmal in der Legislaturperiode die Möglichkeit. Dementsprechend verhalten sie sich. Ein Waschmittel wird wegen seiner Produkteigenschaft auch dann gekauft, wenn man die Werbung dumm findet. Der Kommunalpolitiker wird bei Wahlen abgestraft, wenn man mit der Bundespolitik unzufrieden ist.[35]

Gehen Sie noch einmal zurück zu dem Zitat in diesem Absatz des ehemaligen Schichtleiters. Was sagt dieser Mitarbeiter tatsächlich? Wäre etwas davon medienrechtlich oder strafrechtlich relevant, wo es sich doch gegen Ihr Unternehmen richtet? Nein, wäre es nicht. Eine juristische Beratung käme zu dem Fazit, dass es sich hierbei um eine Aussage handelt, die durch die freie Meinungsäußerung gedeckt ist. So weit, so gut. Aber was ist, wenn dieser zitierte Mitarbeiter in Wirklichkeit Dreck am Stecken hat und von Ihnen vor drei Jahren entlassen wurde (einschließlich fulminantem Arbeitgeber-Sieg vor dem Arbeitsgericht), weil er Betriebsvermögen unterschlagen, oder in großem Umfang Warenbestände abgezweigt und auf eigene Rechnung weiterveräußert hat? Das wird er der Presse nicht unbedingt auf die Nase binden – und die wird das auch nicht zwingend gegenrecherchieren, denn dafür ist die Aussage einfach zu handlich und passt zu gut in das Bild vom profitmaximierten Verhalten einer Geschäftsleitung.

Das sind jene Augenblicke, wo Ihnen als ehemaliger Arbeitgeber die Hände gebunden sind, denn sie können nicht einfach an die Medien eine Rundmail verschicken und im besten Fall noch das Urteil anhängen, um die Quelle zu diskreditieren. Ich gebe zu: Der erste Impuls mag menschlich nachvollziehbar sein. Aber selbst wenn Medien die Information bekommen, dass dieser Mitarbeiter wegen Unterschlagung damals seinen Job verloren hat, ist damit keineswegs bewiesen, dass er mit der Aussage, man hätte mehr für die Sicherheit von Belegschaft oder Produkten tun können, Unrecht gehabt hatte. Manchmal ist – kommunikativ gesehen – eins und eins nicht unbedingt zwei. Mit diesen nervigen Schwachstellen in der Krisenkommunikation müssen wir uns ständig befassen, unsere Kommunikation immer wieder neu anpassen, wieder hinterfragen, die Wirkung in der Öffentlichkeit prüfen – und alles wieder von vorne durchlaufen.

Was die aktive Belegschaft betrifft, so ist auch hier eine besondere Sensibilität und vor allem auch zeitliche Nähe zum Krisenereignis notwendig. In einem Fall, wo ich erst später hinzugezogen wurde, hatte die Geschäftsleitung vieles richtig gemacht im Krisenmanagement und auch in der Krisenkommunikation sehr gute Arbeit geleistet. Nur einen Aspekt hatten sie vernachlässigt: Die eigene Belegschaft. Diese wurde lediglich über den Sachstand der Krise informiert. Mehr Handreichungen lieferte man der Belegschaft aber nicht. Das war der Punkt, der zum Problem führen sollte.

Die Krise zog sich über mehrere Monate und bekam kommunikativ durch eine Rückmeldung aus der Personalabteilung eine neue Handlungsebene mit extrem hoher Priorität: Zwei Leistungsträger hatten die Kündigung eingereicht (darüber hinaus zum Leidwesen

35 Wie Sie die Panik in den Augen von Politikern erkennen: „Bei unserer Landtagswahl geht es nicht um bundespolitische Themen, sondern um die Belange der Menschen in XY-Bundesland!"

des Unternehmens auch Kundenetats mitgenommen, die vertraglich an die persönliche Betreuung durch diese beiden Leistungsträger gebunden waren und ein Sonderkündigungsrecht ermöglichten) und erst auf mehrmalige Nachfragen im Abschlussgespräch mit der Sprache herausgerückt, dass sie es nicht mehr aushalten konnten, sich im privaten Umfeld immer wieder dafür rechtfertigen zu müssen, dass man weiter für diese Firma arbeite. Letztlich führte dieser moralische Druck aus dem privaten Umfeld zur Kündigung und zur Abwanderung zweier Etats in nennenswerter Größe. Dabei war die Lösung des Problems eine reine Fleißarbeit mit dem Aufwand weniger Beraterstunden: Das Unternehmen hatte für die Geschäftsleitung bereits sehr gute Q&As[36] erstellt, die – nach einer gewissen Modifikation und geringfügigen Ergänzungen mit anderer Ausrichtung – auch als Argumentationshilfe für die eigene Belegschaft genutzt werden konnten. Bitte werten Sie dieses anfängliche Versäumnis nicht als Stockfehler des Managements oder der Krisenkommunikation. Solche Dinge passieren und sind leichter nachvollziehbar, wenn man sich genauer anschaut, unter welchem Druck, welchen Rahmenbedingungen und welchen Anforderungen und Anfragen der Konzernzentrale im Ausland das Management von Unternehmen zuweilen agiert.

Niemand ist frei davon, sich – wenn auch unbewusst – zu fragen: Was ist eigentlich mit meiner Gehaltsvariable, wenn wir dicht machen, einen Standort schließen, oder das Management ebenfalls mit Einbußen im eigenen Salär ein Zeichen an die Belegschaft setzen muss? Oft mache ich die Beobachtung, dass daran ganze Familienkonstrukte zu scheitern drohen. Konkreter Fall: Vati ist während der Insolvenz genauso wenig zu Hause wie in der Zeit, wo das Geschäft florierte. Allerdings fehlt jetzt für die vierköpfige Familie die jährliche sechswöchige Rundreise mit dem Wohnmobil durch USA und Kanada, die älteste Tochter musste ihren Australien-Aufenthalt abbrechen und mit der Mitgliedschaft im Edel-Golfklub war es auch erst einmal Essig.

Selbst wer mit Millionenbeträgen abgefunden wurde – wo man sich auch als gut verdienender Berater sagt: „Och ja – damit könnte ich gut bis zum 99. Lebensjahr überbrücken" – leidet echt und wirklich. Hier ist es in der Regel nicht die finanzielle Not, die Sorge bereitet, wie sie der Facharbeiter oder Fachangestellte empfindet. Denn bei diesen bleibt in der Regel das soziale Umfeld erhalten und dieses zeigt sich mitfühlend. Bei Führungskräften ist vor allem der Macht- und Imageverlust ein enormes Problem. Man gehört nun nicht mehr zu den Insidern, ist aus gewissen Zirkeln ausgeschlossen und hat nicht mehr den ungehinderten Zugang zu seinesgleichen. Mit der eigenen Anwesenheit in diesen Zirkeln führt man dem sozialen Umfeld vor Augen: Ihr könnt alle scheitern und schon morgen ebenfalls in meiner Situation sein. Mit einem Damoklesschwert[37] möchten Menschen sich in der Regel nicht so gerne beschäftigen.

36 Question and Answers, manchmal auch als FAQ, Frequently asked questions bezeichnet. In der etwas knusprigeren Variante auch „Nasty Questions".

37 Laut Cicero war Damokles ein Höfling, der Dionysos dessen Reichtum neidete. Dieser ließ Damokles an der königlichen Tafel platznehmen, wo er alle Annehmlichkeiten des Königs genießen durfte. Allerdings hängte Dionysos ein Schwert über Damokles' Kopf, das lediglich an einem Rosshaar befestigt war, um ihm die Vergänglichkeit von Luxus und Reichtum zu symbolisieren. Als Damokles das Schwert über seinem Kopf bemerkte, konnte er den ganzen Luxus nicht mehr genießen. So meiden viele erfolgreiche Menschen den Gescheiterten aus den eigenen Reihen, weil er ihnen die Vergänglichkeit des Erfolgs stets vor Augen führt.

Ein mit einem doppelten goldenen Handschlag verabschiedeter CEO sagte mir einmal: „Früher habe ich als CEO bei jedem anderen CEO einen Termin bekommen. Wir haben uns getroffen, haben uns ausgetauscht – und oft ist dabei auch Geschäft herausgekommen. Das war wie eine eigene Gesellschaft in der Gesellschaft. Heute komme ich mir vor wie ein Kreisliga-Kicker, der beim Bundestrainer um ein Probetraining bettelt, wenn ich überhaupt durchgestellt werde."

Finanziell war dieser Mensch absolut abgesichert bis ins hohe Alter. Aber die ersten Reihen beim Neujahrsempfang mit Streichkonzert der Landesregierung sind ihm nun verwehrt. Sie nennen das ein Luxusproblem? Das ist es nicht. Sie müssen die jeweilige Bezugsgröße auch angemessen auswählen. Nehmen wir einmal an, Sie verdienen gut, haben nur noch einen symbolischen Restbetrag auf Ihr Eigenheim abzuzahlen und das Dach muss auf einmal für 30.000 Euro saniert werden. Da ärgern Sie sich doch auch darüber – und die Aussage: „Schau mal in die Favelas. Die Menschen wären froh, wenn sie ein Haus wie Du hätten" würde Ihrem Problem auch nicht gerecht, weil die Bezugsgröße falsch ist.

Im Krisenmanagement und in der Krisenkommunikation darf man diese emotionale Wahrnehmung von Führungskräften – weiblich wie männlich – keineswegs aus den Augen verlieren oder nur nachrangig berücksichtigen. Denn die emotionale Wahrnehmung eines Sachverhaltes fließt zu einem wesentlichen Teil in die Entscheidungen mit hinein. Übrigens sind in den negativen Ereignissen Männer emotionaler als Frauen – so meine Beobachtung. Frauen scheinen in Summe Scheitern besser zu verkraften als männliche Egos, die letztlich oft auch gerade wegen der scheinbaren Vorteile eines überbordenden Egos in bestimmte Positionen gelangt sind. Manche davon lassen sich gerne als „harte Knochen" bezeichnen. Ein guter Vergleich, denn harte Knochen mögen hart sein, aber beim Biegen brechen sie leichter als weiche Knochen.

Immer wieder bin ich beeindruckt, welche sensiblen und empfindsamen Menschen in den Vorständen anzutreffen sind. Ihre Zahl nimmt zu.

Die empfundene Emotionalität von Führungskräften bestimmt sehr oft, wann man was auf welche Art veröffentlicht – oder ein unkalkulierbares Risiko durch den Versuch der Vertuschung, Beschönigung bis hin zur Fälschung von Dokumenten einzugehen bereit ist. Reduzieren Sie die Sorgen von gut dotierten Führungskräften nicht auf das Geld, das sie verdient haben, das Geld, das sie trotz Fehlverhalten als Abfindung erhalten, oder den gut dotierten Frühstücksdirektionsposten, auf die man sie weglobt. Die Sorgen und der persönliche Druck mögen anders sein als in der Belegschaft. Aber sie sind vorhanden und spielen in der Krise – *weil* es Führungskräfte sind, die Entscheidungen zu treffen haben – eine wesentliche Rolle.

Dies gilt es in der Krisenkommunikation ebenfalls realistisch zu berücksichtigen. Denn vor allem in einer Gesellschaft, in der berufliche Positionen wesentlich zum Ansehensgewinn beitragen, ist dieser drohende Ansehensverlust eine ernstzunehmende Gefahr weit über die persönliche Betroffenheit der Führungskraft hinaus.

1.2.6 Politik | NGOs

Ich habe es eben kurz angesprochen: Politiker/innen sind wie Konsumenten-Produkte: Sie wollen Marktanteile halten und ausbauen. Berücksichtigen Sie auf jeden Fall, welche politischen Akteure in Ihrer Region eine besondere Bedeutung haben, welche Abhängigkeiten bestehen. Das erklärt auch, warum bestimmte Themen von bestimmten Industrien mehr oder weniger politische Bedeutung haben. Das Bundesland oder der Wahlkreis sind dabei entscheidend.

Von wem stammen wohl die Sätze: „Die Autoindustrie stellt schließlich das Rückgrat unserer Wirtschaft dar. Hunderttausende Menschen leben von der Branche. Da geht es um unglaublich viel."[38]

Nun, dieser Satz stammt mit Sicherheit nicht von Annalena Baerbock (B90/Grüne), die in Potsdam im Wahlkreis 61 gegen Olaf Scholz (SPD) antrat. Er könnte von Markus Söder (CSU) stammen, in dessen Bundesland der eine oder andere Autobauer sitzt, oder auch von Armin Laschet (CDU), in dessen politischer Heimat u.a. die Ford-Werke ihre Produktion haben.

Letztlich ist es eine Aussage Winfried Kretschmanns (B90/Grüne), der nur 16 Tage nach der Atomkatastrophe von Fukushima in Baden-Württemberg zum ersten grünen Ministerpräsidenten der Bundesrepublik Deutschland gewählt wurde, als die Menschen sich unter dem Schock möglicher Folgen klassischer Energiepolitik anderen Lösungsansätzen zuwandten.[39]

Nichtregierungsorganisationen (NGO)[40] können Ihnen das Leben zur Hölle machen, wenn sie kommunikativ gut aufgestellt sind und es schaffen, die Medien mit griffigen Darstellungen des Sachverhaltes, guten (zuweilen auch spektakulären) Bildern zu versorgen und den Anschein erwecken, ein komplexes Thema auf einige wenige griffige Punkte zu komprimieren. Andererseits kann der angemessene und faire Umgang mit NGOs auch dazu führen, dass die Wahrnehmung Ihres Unternehmens in der Öffentlichkeit einen Wandel zum Positiven erfährt. Das bedeutet nicht unbedingt, dass Sie die Kommunikation um 180 Grad gedreht bekommen. Aber zuweilen hilft es ja schon, wenn die Diskussionen sachlicher oder auch nur weniger schrill geführt werden. Über den Dauerton von hunderten Hupen und Trillerpfeifen werden Sie nun einmal nicht so gut mit dezidierten Argumenten wahrgenommen.

Folgendes Beispiel: Unternehmen A hat in seinem Bundesland für die nächsten fünf Jahre Vollauslastung. Eine wunderbar entspannte Situation. Hier hat man vor einigen Jahren als Unternehmen der Großindustrie ein Erfolgsprodukt hergestellt, wir nennen es hier mal „Phantastic", welches sich international wie frisches Brot verkauft. Es ist ein Produkt, wie es vom Bund, den Ländern und auch Gemeinden gebraucht und gekauft wird. Es ist eine wirtschaftliche Situation, ganz so, wie Geschäftsleitung und Gewerkschaft es sich wünschen: Der Standort ist gesichert, die Arbeitsplätze ebenfalls – gewissermaßen eine Situa-

38 Stuttgarter Zeitung vom 23.7.2018.

39 Nuklearkatastrophe von Fukushima: 11.3.2011, Energiemoratorium der Bundesregierung: 14.3.2011, Wahlsieg der Grünen in Baden-Württemberg 27.3.2011.

40 Non-Governmental Organisation.

tion wie aus einem CDU-Wahlprogramm mit blühenden Landschaften Helmut Kohls, oder einer schnulzigen ZDF-Vorabendserie für reiferes Publikum.

Am Standort B – in einem anderen Bundesland – läuft es gerade nicht so gut. Dort ist die Situation eher angespannt, um es einmal ein wenig euphemistisch zu formulieren. Oder weniger euphemistisch: Dort herrschen Dürre, Hunger, Not und nackte Angst um die Arbeitsplätze.

Für das Produkt „Phantasic" hat man inzwischen einen Nachfolger entworfen. Moderner, edler, teurer. Technisch unterscheidet er sich deutlich vom Vorgänger. Man könnte diesem neuen Produkt nun einen neuen Namen geben. Da man aber an den Erfolg des „Phantastic" anknüpfen möchte, nennt man das Nachfolgeprodukt „Phantastic Two" und das andere, ältere Modell ab sofort „Phantastic One". Man setzt darauf, dass Kunden, die vom „Phantastic One" begeistert sind, nun auch das neue Modell haben möchten.

Die politischen Entscheider kennen die Vorzüge des „Phantastic One" und man setzt darauf, dass sie auch den „Phantastic Two" schätzen und lieben werden. Und genau so ist es: Die Politik ist ganz verrückt nach dem „Phantastic Two" und möchte ihn haben.

Nun muss das Management eine einfache Entscheidung treffen: Wo lassen wir produzieren? An Standort A hätte man fünf Jahre Wartezeit (ein Standortausbau wäre hier wegen zahlreicher lokaler Besonderheiten nicht möglich; angesichts von Genehmigungs- und Mitbestimmungsverfahren zeitlich absolut unrealistisch) und an Standort B könnte man nach kurzer Umrüstzeit der Produktion sofort loslegen. Die Dürre würde mit Wasser bekämpft, Hunger und Not hätten ein Ende.

Nun haben die Gewerkschaften und Politiker am Standort A natürlich ein lokales Interesse, die Belange der Menschen in einem anderen Bundesland, die in einem anderen Wahlkreis leben und zu einem anderen Landesverband der Gewerkschaft gehören, spielen hier vor Ort keine wirkliche Rolle. Die Gewerkschaft verteilt rote Fähnchen, rote Leibchen sowie viele Trillerpfeifen und lädt einen ARD-Sender zur Berichterstattung ein, der natürlich gerne kommt. Man kann jetzt nicht sagen, ob der Bürgermeister wegen des Fernsehens an der Veranstaltung teilnahm oder das Fernsehen wegen des Bürgermeisters gekommen ist. Da klären wir leichter die Frage, wer als Erstes da war: die Henne oder das Ei oder bei der Entstehung der Erde: Das Wort oder die Tat.

Darüber hinaus leiten sowohl Politik als auch Gewerkschaft aus der Namensgebung „Phantastic One" und „Phantastic Two" den Anspruch ab, dass wenn der „One" am Standort A gebaut wird, nun auch der „Two" dort herzustellen sei. Alles andere wäre eine Verlagerung von Produktionskapazitäten – und damit auch der Zukunft von Arbeitsplätzen am Standort A – in ein anderes Bundesland. Das ist nachvollziehbar, wenn man die Brille der lokalen Akteure aufsetzt und den Sachverhalt auf diese Art und Weise betrachtet.

Durch das Einschreiten von Gewerkschaft, Politik und Medien hat das Unternehmen nun ein Problem, das es bei gesundem Menschenverstand gar nicht haben dürfte. Jeder, der sich im Supermarkt an der kürzeren Schlange anstellt, wenn er die Wahl hat, wäre auf Basis dieser Kompetenz in der Lage, für die Geschäftsleitung der Großindustrie eine überdurchschnittlich intelligente Entscheidung zu treffen: Neue Produktion ab sofort an Standort B.

In den ersten Monaten als Wehrpflichtiger bei der Luftwaffe hörte ich von meinem Oberfeldwebel, der es mit vielen naseweisen und argumentierenden Abiturienten zu tun bekam, immer wieder den Satz: „Kommen Sie mir nicht mit Logik".

Damals, 1986, hatte ich noch nicht die Reife, die Bedeutung dieses Satzes für den Umgang mit NGOs, Medien und Politikern in der Krisenkommunikation zu erkennen. Seinen Namen habe ich vergessen, aber ich würde ihn gerne noch einmal treffen, um ihm zu sagen, wie weise und weitsichtig er war und ich ihn gerne in meinen Vorträgen an dieser Stelle zitiere und wir in der Nachbetrachtung völlig zu Unrecht hinter seinem Rücken oft über ihn gelacht haben. Damals.

Bei Greenpeace muss man als Unternehmensvertreter oder Politikerin und Politiker zwar mit hartem Gegenwind rechnen, kann sich aber auf einen gewaltfreien Protest verlassen. Hier werden zwar Veranstaltungen gestört, aber wenn die Fotografen ihr Foto geschossen haben, ist der Spuk in der Regel schnell wieder vorbei. Greenpeace verschickt dann eine längst vorbereitete Pressemitteilung ergänzt durch ein aktuelles Bild, weist auf die Aktion hin – und dann geht das Geschäft vor Ort weiter. Im Normalfall. Anders verhielt es sich mit dem Aktivisten, der als Motorsegler über das Stadion beim EM-Spiel Deutschland gegen Frankreich flog und plötzlich eine Notlandung hinlegen musste. Theoretisch wie praktisch hatte die Möglichkeit bestanden, dass von Scharfschützen der Polizei ein gezielter Schuss auf den Piloten abgegeben wird, denn EM-Spiele sind Hochrisikoereignisse, die besonderen Schutz genießen. Im Prinzip weiß jeder Nutzer einer kleinen Flugdrohne, dass in direkter Umgebung des Stadions nicht geflogen werden darf, bzw. dass die Geräte durch die Herstellersoftware in diesen Gegenden ohnehin durch Geoblocking gesperrt[41] sind und erst gar nicht aufsteigen können. Die Idee, aus der Luft einen Ball ins Stadion zu werfen, mag harmlos klingen – aber sie ist angesichts der Sicherheitsvorkehrungen auch unfassbar dämlich und unüberlegt. Dass bei der Notlandung zwei Stadionbesucher verletzt wurden, ist unverschuldet. Allerdings wäre es ohne den Überflug auch nicht dazu gekommen. Die BILD zitierte Bayerns Innenminister Josef Hermann: „Man hat aufgrund der Beschriftung ‚Greenpeace' davon abgesehen, dass Scharfschützen hier eingegriffen haben. Wenn die Polizei zu einer anderen Einschätzung gekommen wäre, dass es sich um einen Terror-Anschlag handeln könnte, dann hätte der Flieger die Aktion möglicherweise mit seinem Leben bezahlen müssen."[42] Abgesehen davon erhalten Attentäter nun den nützlichen Hinweis: Schreib „Greenpeace" drauf, dann passiert Dir nichts.

Denken wir die Greenpeace-Aktion einmal konsequent als Eskalationsszenario zu Ende: Die Polizei schießt und tötet den Piloten des Motorseglers. Welche Folgen hat das für die EM, für Greenpeace, für die Politik, für den Schützen des Todesschusses, für die Besucher im Stadion, die Angehörigen des Motorseglers... Damit sind gut zwölf Monate Berichterstattung locker garantiert bis hin zu Gerichtsurteilen, Jahrestagen usw. „Wer gab den Schießbefehl?", „Politiker XY: Polizei hat überreagiert.", „Innenminister: Terroristen könnten Greenpeace-Logo als Schutz nutzen", „Die kleine Ricarda weint um Ihren Papa", „Nach Greenpeace-Todesschuss: Opposition fordert Rücktritt von Innenminister.", „Todespilot Kai S. als Held gefeiert", „Ermittlungen gegen Greenpeace: Wer steckt hinter dem

41 Beispielsweise in unmittelbarer Umgebung von Flughäfen.

42 BILD vom 18.6.2021.

Flug-Plan von München?", „Heute Prozessauftakt zum Greenpeace-Todesflug", „Innenministerkonferenz plant generelles Flugverbot für Hobbypiloten während Bundesliga-Spieltagen", „Greenpeace: Immer mehr Mitglieder treten aus", „Dumm und Verantwortungslos – das sagen Deutschlands Prominiente zum Greenpeace-Todesflug", „Die spektakulärsten Aktionen von Greenpeace", „Von Walfang bis zum Todesflug: Diese Verrückten sind für Greenpeace dabei", „Schwerer Vorwurf: Bezahlte Greenpeace Aktivisten für Proteste?", „Protest JA, Verantwortung NEIN: So zieht sich Greenpeace aus der Affäre?", „Rücktritt von Greenpeace-Führung gefordert!", „Friedrich Merz: Gemeinnützigkeit von Greenpeace aberkennen"[43], „Greenpeace: Die schlimmsten Pannen und Fehler der letzten Jahre", „Enttäuschter Aktivist: So hat Greenpeace mich im Stich gelassen". „Vorbestraft und Schulden: Das sind die Folgen für Deutschlands Greenpeace-Aktivisten" usw. usw. Am Ausdenken dieser Schlagzeilen habe ich keine fünf Minuten gearbeitet – zu naheliegend ist die Reaktion der Presse und der Öffentlichkeit auf eine derartige Aktion.

Ich darf darauf hinweisen, dass ich hier – bis auf Friedrich Merz – fiktive Schlagzeilen kreiert habe, auf die man sich u.a. in einem theoretischen Szenario zu dieser Aktion beschäftigen müsste. Angesichts der etwas ungelenken Kommunikation von Greenpeace nach der Notlandung, zwei verletzten Zuschauern und den Vorwürfen, die in den Folgetagen gegen die Aktion öffentlich erhoben wurden, ziehe ich den Rückschluss, dass Greenpeace die möglichen negativen Folgen dieser Aktion gar nicht, oder nur unzureichend zuvor analysiert hat. Die Havarie mag plötzlich eingetreten sein – man weiß allerdings seit den ersten Flugversuchen Otto Lilienthals am 29. Juni 1895 vom „Fliegeberg"[44] in Berlin, dass da etwas schiefgehen kann. Fast auf den Tag genau 126 Jahre Erkenntnisse fliegender Menschen im Gleitflug sollten als Vorbereitungszeit für eine Havarie-Kommunikation mehr als ausreichend sein.

Bei solchen Szenarien ist es wichtig, dass man sich von persönlichen Haltungen und Positionen frei macht. Beispielsweise würde ich die Menschen, die sich für die Ziele von Greenpeace einsetzen, nicht pauschal als „Verrückte" bezeichnen – aber Sie und ich wissen sehr wohl, dass es Medien gibt, die genau diese Form der Schlagzeile wählen würden.

Was für ein theoretisches Krisenszenario keineswegs unrealistisch ist: Umweltorganisation besetzt Fabrikschornstein, einer der Höhenkletterer stürzt ab und kommt zu Tode, bzw. ist schwer verletzt. Solche und ähnliche Szenarien hatte ich schon in verschiedenen Übungen für ein Chemieunternehmen.

Was in der Regel gut funktioniert ist mein Motto: „Durch Liebe kaputtmachen" – die mediale Umarmung und offene Zuneigung für die Belange von NGOs. In der Regel gehen immer noch viele Unternehmen auf Konfrontation, sprechen von Krawallmachern und Spinnern, obwohl dort in der Regel junge Menschen (ob gut informiert oder instrumentalisiert) mit Lärm und bunten Plakaten für ihre nachvollziehbaren und/oder berechtigten Belange eintreten.

---

43 Im Original: „Merz stellt Gemeinnützigkeit von Greenpeace infrage", Handelsblatt vom 16.6.2021.

44 Lilienthal hatte diesen Hügel extra aufschütten lassen. Es gibt ihn noch heute in Berlin-Lichterfelde. Lilienthal stürzte übrigens aus 15 Metern Höhe ab, nachdem er 80 Meter weit mit seinem Fluggerät „Doodle" geschwebt war.

Ein Unternehmen aus dem Bereich gentechnisch verändertes Saatgut bekam einen riesigen Haufen Mist vor das Gelände gekippt, das darüber hinaus mit Fahrzeugen blockiert wurde. Die Firma karrte Bionade[45] für die Demonstrierenden heran und entfernte den Mist. Ein wenig Spaß darf bei so viel Arbeit für das Unternehmen sein: Den Demonstranten tischte man die Legende auf, dass man den Mist nun in den Gentechnik-Laboren weiterverwende, weil es ja schade sei, wenn man diesen einfach nur entsorgen würde und bedankte sich artig dafür. Lange Gesichter auf breiter Front der Demonstrierenden. Das wäre für die Labore des Unternehmens völlig unsinnig gewesen, denn für Forschung am gentechnisch veränderten Saatgut nimmt man keinen Mist, den Demonstranten einem in die Einfahrt gekippt haben und der wer weiß was enthalten kann. Die Presse hatte jedenfalls reichlich Bildmaterial mit friedlichen Demonstranten, die mit einer Bionade in der Hand das Gespräch mit den Firmenvertretern führten. Ich würde mal sagen: Es hätte schlimmer ausgehen können.

Wenn ich ein Geschäftsmodell habe, wo meine Firma Gentechnik einsetzt, dann ist es doch absolut naheliegend, dass ich mich immer wieder Protesten und Kritik ausgesetzt sehe. Sie können noch nicht einmal Schnittblumen in Deutschland verkaufen, ohne dass es zu öffentlicher Kritik kommt (z.B. Flugimporte). Bio-Sonnenblumenkerne (zum Teil aus China importiert), Kinderarbeit beim Abbau seltener Erden für Elektroautos oder Handyproduktion, 53 Prozent des Inhaltes aus der Gelben Tonne werden verbrannt. Pardon: Thermisch verwertet. Damit gilt auch verbranntes Plastik als recycelt, weil etwas Neues (nämlich Energie) entsteht. Erzählen Sie das im eigenen Haushalt der Generation, die jeden noch so kleinen Fehlwurf eines Joghurt-Aludeckels in den Hausmüll lebhaft kommentiert, oder das versäumte Trennen der Pappummantelung des Kunststoffbechers desselben Produktes zur familiären Grundsatzfrage erhebt. Der Gesichtsausdruck zum Thema „Thermische Verwertung gilt in Deutschland als Recycling" – unbezahlbar.

Bei der Erweiterung eines Betriebsgeländes war der Vorsitzende einer Bürgerinitiative vehement gegen jeden konstruktiven Vorschlag von Unternehmen und Lokalpolitik. Da mag es manchmal sinnvoll sein, sich die Alternativen anzuschauen und einen Blick ins Grundbuchamt der umliegenden Flurstücke zu werfen. Wie wäre denn die Situation, wenn das Unternehmen den (kostspieligeren) Alternativvorschlag wählen muss, weil im Plan A der Bürgerwiderstand (und damit in der Regel auch politische Unterstützung der Akteure vor Ort) zu groß wird?

Ach. Sieh mal einer an: der Bruder des Bürgerinitiativen-Vorsitzenden besitzt ein brachliegendes Grundstück, das nur dann Wert entfaltet, wenn es zur Betriebserweiterung oder für den Bau einer Werksstraße von Gemeinde oder Unternehmen erworben werden muss, oder gar eine Enteignung mit Entschädigungszahlung winkt? Ja so ein Zufall aber auch.

Ich bin der Meinung, dass man das Medien ruhig einmal stecken kann, oder dass man in dem Raum, wo die Medien warten, derartige Unterlagen eine Weile offen herumliegen lässt. Schließlich dient diese Platzierung auch der Sachinformation. Wohlgemerkt: Es macht einen großen Unterschied, ob ich die Gegenseite durch Fakten entlarve[46] und somit

45 Ja, der Markenname war der Grund, weshalb man genau DIESE Produkte wählte.

46 Wäre nicht das erste Mal für mich. Jederzeit gerne.

nachhaltig schwäche, oder durch kompromittierende Fotos oder durch das Lancieren des Drogenkonsums ihrer Kinder[47] mir einen Vorteil verschaffen möchte.

Kommunikation fehlgeleitet: Berlin macht aus vier- bis sechsspurigen Straßen Tempo-30-Zonen. Kann man machen. Nur die Begründung „Luftreinhaltung" ist inhaltlich falsch, da auch modernste PKW bei 50 km/h weniger Schadstoff ausstoßen als bei Tempo 30. Stünde „Lärmvermeidung" oder „Verkehrssicherheit" auf den Schildern, dann wäre es inhaltlich korrekt.

Sie sehen: In der Auseinandersetzung mit ehrbaren Zielen, die Welt jeden Tag ein wenig besser zu machen, haben wir noch lange nicht eine für alle Seiten ausgeglichene Balance erreicht. Somit werden uns all diese Themen noch über Jahre und Jahrzehnte beschäftigen und immer wieder kommunikativ begleiten, herausfordern und reichlich Arbeitszeit und Nerven kosten.[48] Der schwache Trost: In vielen Punkten ist es langfristig für die Gesellschaft besser und wichtig, dass wir diesen beschwerlichen Weg einschlagen.

1.2.7 Konkurrenten

Besteht im Markt zweifelsohne eine entsprechende Nachfrage an Produkten und Dienstleistungen, dann knallen beim Wettbewerb zuweilen die Korken, wenn einer der Konkurrenten nun durch die schlechte Presse in der Öffentlichkeit lahmgelegt wird. Das mag wie Leichenfledderei klingen, ist aber unabdingbar. Bei öffentlichen Ausschreibungen wird unter Umständen dann der Zuschlag anders erteilt, als man es sonst tun würde. Begründung im Hinterzimmergespräch: „Das können wir uns so kurz vor einer Kommunalwahl nicht erlauben. Das fliegt uns um die Ohren. Aber keine Sorge: Sie sind in ein oder zwei Jahren wieder mit dabei." Ein schwacher Trost, wenn man gerade einen mehrstelligen Millionenbetrag zum Wettbewerber abwandern sieht, der nun die Gelegenheit bekommt, sich bei diesem Projekt über einen längeren Zeitraum zu bewähren und dadurch weitere Vorteile erlangt.

Es kann aber auch ganz anders laufen mit den Konkurrenten. Nämlich genau dann, wenn Ihr Fehlverhalten oder die öffentliche Wahrnehmung Ihres Unternehmens dazu führt, dass die Branche ins Gerede kommt, oder von der Öffentlichkeit sowie den Behörden etwas genauer unter die Lupe genommen wird. So hat der Fall Clemens Tönnies nach den Corona-Ausbrüchen in der Belegschaft dazu geführt, dass generell in Schlachtbetrieben genauer hingeschaut wird. In der Branche kennt man sich. Man schätzt sich, oder auch nicht. Aber man ist beispielsweise auch durch Unternehmens- und Interessenverbände in einer gemeinsamen Lobbyarbeit miteinander verbunden. So, wie andere Branchen auch. Da kämpfen Wettbewerber der Zigarettenindustrie gemeinsam gegen (oftmals auch wirklich unsinnige) politische Entscheidungen wie auch Unternehmen der Automobilindustrie, der Hotellerie und Tourismus und viele andere.

Die Politik macht das auch.

47 Können Sie machen – aber nicht mit meiner Unterstützung.

48 Vergleichen Sie hierzu die Informationen im Kapitel „Problemzyklus".

Denken Sie beispielsweise an die sogenannte „Pizza Connection[49]" junger Politiker aus CDU/CSU und von Bündnis90/Die Grünen, die sich in den 1990er und 2000er Jahren parteiübergreifend zu gemeinsamen Interessen regelmäßig getroffen haben und deren Ausläufer gegenwärtig Form annehmen. Da genügt ein kurzer Blick auf die Namen der unbekannten Abgeordneten, die heute in erster Reihe stehen: Cem Özdemir, Armin Laschet, Katrin Göring-Eckart, Julia Klöckner, Rezzo Schlauch, Peter Altmaier und viele andere. In solchen Zirkeln – politischen wie auch denen aus der Industrie – lassen sich Krisenthemen rasch und dezentral besprechen und lösen. Sie können aber auch zu einer Befeuerung der Krisen beitragen.

Auch gutgemeinte und objektiv gute Kommunikations-Absichten können sich nachteilig auswirken. Ein Klient war Eigentümer einer Deponie, hatte aber die Verfüllrechte nicht mit erworben. Er hatte sich beim Kauf auf mündliche Zusagen eines lokalen Akteurs verlassen. Sein Problem: Wenn der Verfüller dort nun Stoffe ablagert, die nicht zugelassen sind, dann würde er als Eigentümer unter Umständen dafür haften. Die Behörden schienen trotz zahlreicher Hinweise nichts zu unternehmen, so dass sich der Klient auf Nachfrage von Medien gesprächsbereit zeigte und der Fall öffentlich wurde. Ergebnis: Es wurde zwar vonseiten der Behörden die Arbeit wieder aufgenommen – jedoch hat er nun mit seinem eigenen Material reichlich Probleme, dieses nun bei anderen Unternehmen derselben Branche in der Gegend deponieren zu können. In der persönlichen Wahrnehmung sieht es dann so aus, als wäre man wie ein Nestbeschmutzer aufgetreten und würde nun von den Konkurrenten geächtet.

Abhängig von der Branche und den dortigen Gepflogenheiten können Konkurrenten auch die Gelegenheit nutzen, Geschichten durchzustechen, die man in der Szene zwar kennt, die aber für die Presse noch keine Relevanz hatten, weil noch niemand die Finger dran bekommen hat. Schließen Sie bei diesem Hauen und Stechen nicht unbedingt auf die Ehrbarkeit der Handlungen von Unternehmen oder Organisationen, nur weil sie in der Öffentlichkeit einen guten Ruf genießen. So informierte mich als Journalist eine angesehene, internationale Hilfsorganisation einmal bei einem Pressetermin zu einer ganz anderen Sache scheinbar so ganz nebenbei und zufällig über steuerliche Tricks eines Wettbewerbers, der mit einem Organisationskonstrukt nicht nur Steuern spare, sondern überhöhte Verwaltungskosten kaschieren konnte, um so weiterhin das Spendensiegel führen zu dürfen, was ihm sonst aberkannt worden wäre. Ich bin an dieser Geschichte nicht drangeblieben – habe die Infos aber an meine leitende Redakteurin weitergegeben. Ab da verliert sich für mich die Spur. In den Schlagzeilen ist mir anschließend nichts dazu aufgefallen. Vielleicht waren die Vorwürfe auch falsch oder haben sich nicht als so gravierend erwiesen. Vielleicht hat die Redaktionsleitung aber auch die Ziele der angeschwärzten Hilfsorganisation mitgetragen und es deshalb nicht weiterverfolgt.

In einer öffentlichen Veranstaltung – und nur deshalb zitiere ich daraus – vor zahlreichen Vertreterinnen und Vertretern von international tätigen Hilfsorganisationen wurde ich damit konfrontiert, dass „ihr von den Medien" immer über Seuchengefahr nach einer Naturkatastrophe berichtet, obwohl beispielsweise ein Land wie Indonesien, das damals unter den Folgen einer massiven Überschwemmung litt, keineswegs ein Entwicklungsland sei.

49 Spätere Variante unter dem Namen „Pizza Connection 2.0".

Zwar hatte auch Indonesien mit einer schweren Wirtschaftskrise zu kämpfen und über 20 Prozent der Bevölkerung leben unter der Armutsgrenze. Aber bei der Infrastruktur ist Indonesien keineswegs eines der abgeschlagenen Länder. Ich muss zugeben, der Zwischenruf brachte mich etwas aus dem Tritt, denn bei den asiatischen Ländern liegt nicht die Kernkompetenz meines Allgemeinwissens. Ich schaltete in den persönlichen Referenten-Krisenmodus: Zeitgewinn durch Gegenfrage: „Wie hoch ist denn die Wahrscheinlichkeit, dass dort Seuchen ausbrechen?" Die Antwort bewegte sich im Bereich zwischen ein und zwei Prozent. Damit musste ich nun arbeiten. Zweite Stufe des Referenten-Krisenmodus: Absicherung durch Vergewisserung: „Aha. Also zwischen ein und zwei Prozent. Verstehe. [Wirkpause] Aber eine Seuchengefahr ist grundsätzlich nicht ausgeschlossen?" Die Antwort musste natürlich „ja" oder „ja, irgendwie natürlich schon" lauten. Damit war mein Krisenmodus gelöst: „Jetzt fragen Sie sich einmal, ob die Tagesschau und andere Nachrichtensendungen die Kontonummern Ihrer Hilfsorganisationen einblenden würden, wenn Sie alle konsequent davon sprechen, dass es für die Menschen dort keine Seuchengefahr gibt und Indonesien als recht gutentwickeltes Industrieland gilt." Die Reaktion überrascht Sie jetzt nicht wirklich, nehme ich mal an: „Naja. Ein bis zwei Prozent – also das wären bei 270 Millionen Menschen natürlich 2,7 bis etwas mehr als 5 Millionen Menschen." Und jemand anderes ergänzte „Zum Vergleich: Berlin hat 3,5 Millionen Einwohner". Ab da konnte man dem Wandel der Meinungsbildung anhand von fiktivem Spendenvolumen live beiwohnen: „Also das ist ja schon recht viel." Gestatten Sie mir bitte den Hinweis: In der verkürzten Form, wie ich das hier schildere, soll nicht der Eindruck von Spenden-Raffkes entstehen. Es haben sich auch nicht alle Vertreterinnen und Vertreter an dieser Diskussion aktiv beteiligt. Es waren zwischen 70 und 100 Zuschauer im Saal. Spenden Sie deshalb bitte auch weiterhin an die Organisationen, die Ziele verfolgen, denen Sie sich verbunden fühlen!

Aber auch hier wird klar: Wir haben alle zusammen 100 Prozent Marktanteil. Nämlich das gesamte Spendenvolumen in Deutschland. Nun geht es in den Verteilungskampf. Wenn wir aber die Gesamtsumme erhöhen, dann haben wir alle etwas davon. Ein System, nach dem gewissermaßen jeder Industrie- und Interessenverband agiert und kommuniziert.

1.2.8 Eigentümer | Aktionäre

Es mag für das Marketing eine schlaue Idee gewesen sein, aus dem Telekom-Börsengang eine Volksaktie zu machen. Die Stimmung war beängstigend gut – das Allzeithoch lag bei 103 Euro je Aktie bei Ausgabepreisen von umgerechnet 14,50 Euro[50] im ersten und 39,50 Euro im zweiten Börsengang sicher ein gutes Geschäft – wenn das Volk bei der Volksaktie den richtigen Moment abgepasst hatte/hätte. Die Probleme der Volks-Eigentümer wurden durch die Shoppingtour des damaligen Vorstandes Ron Sommer, der schließlich später zurücktreten musste, erst richtig groß und sichtbar. Kurze Zeit, nachdem die Aktie bei 8,16 Euro notiert hatte. Das hebt bei unerfahrenen oder wenig erfahrenen Aktionären nicht unbedingt die Stimmung und führt zu Besonnenheit in den Depots. Ganz im Gegenteil. Vielerorts machte sich eine „Raus, nur raus um Himmelwillen"-Stimmung bereit

50 Korrekt: 28,50 DM.

und die Aktie geriet stärker unter Druck, als es sonst im Normalfall gewesen wäre. Selbst Werbefigur Tatort-Kommissar Manfred Krug geriet für die Werbeaussage: „Die Telekom geht an die Börse und ich gehe mit" enorm unter Druck. Viele Menschen machten den ausgesprochen beliebten Schauspieler für den Aktienkurs verantwortlich. Es ist für die Gesellschaft stets ein enormes Problem, wenn man den Werbeblock für TV-Nachrichten hält. Krug bekam öffentlich die volle Breitseite ab.

Dabei war es Vorstandschef Ron Sommer, der die enormen Erwartungen der Kleinaktionäre ordentlich befeuert hatte wie ein Brandbeschleuniger in einem ausgetrockneten Walde: „Die T-Aktie wird so sicher wie eine vererbbare Zusatzrente sein."

So weit würde sich wohl heute kaum noch ein Vorstand aus dem Fenster lehnen, ohne direkt rechtlich belangt zu werden, oder zumindest die eine oder andere Abmahnung zu kassieren. Wenn ich an viele Coachings mit Investmentbankern denke, die ich durchgeführt habe, und wie sensibel und vorsichtig wir bei auch nur einer angedeuteten Kaufempfehlung sein müssen (nämlich: Keine Kaufempfehlung á la: „Die lege ich mir selbst auch ins Depot" oder „die würde ich auch meiner Mutter empfehlen"), halte ich das für ausgeschlossen.

Die gute Marketingidee, dass jemand, der Aktien der Telekom hält, dann als Kunde wohl nicht zur Konkurrenz wechseln würde, wirkt für die Telekom immer noch negativ nach. Selbst 23 Jahre nach dem Börsengang und fast zwanzig Jahre nach dem Rücktritt Ron Sommers bezeichnet n-tv die Telekom-Aktie immer noch als „eine der berüchtigtsten Aktien Deutschlands".[51] Daran können Sie sehen, dass Krisen von damals nicht wirklich verschwinden. Sie werden fester Bestandteil der DNA eines Unternehmens, einer Marke. Sie gehören dazu, wie die Narbe vom letzten Skiunfall oder die kahlen Stellen am Kopf, die wir als „Geheimratsecken" euphemisieren.

Eine andere wichtige Rolle spielen persönliche Eigentümer, wie beispielsweise die Mitglieder einer Unternehmensfamilie, die seit Generationen das Geschäft betreiben. Ein Patriarch (ja, hier ist bewusst die männliche Formulierung gewählt), der nicht loslassen kann, sein Lebenswerk bedroht sieht durch die Krise. Hier ist es ein Ritt auf Messers Schneide, den richtigen Ton in der Beratung zu finden, damit das ganze Konstrukt nicht implodiert. Auf Beratersätze wie: „Warum mischen Sie auch seit Jahren XY in die Farben Ihrer Produkte rein, wenn Sie doch genau wissen, dass das für Kinder gefährlich ist?" kann man auch Backstage nicht eine reflektierte, offene Antwort in Demut und Erkenntnis erwarten. Hier muss man innovativer ansetzen und viel Verständnis für die emotionale Situation in Unternehmerfamilien aufwenden.

Oder die nächste Generation von Inhabern, die dem Alten beweisen möchte, dass sie es ebenfalls kann, es *besser* kann oder zumindest nicht so schlecht ist, wie der Alte es immer behauptet hat, wenn er Weihnachten ein Glas Punsch zu viel hatte.

Auch im 3. Jahrtausend spielt es in solchen Runden unter Umständen eine erhebliche Rolle, wer Erstgeborene/r ist, wer aus erster, zweiter und dritter Ehe stammt oder wer gar unehelich ist oder eine sexuelle Orientierung hat, die nicht der „allgemeinen heterosexuellen familiären Ausrichtung" entspricht.

51 „Als Krug den Deutschen die T-Aktie andrehte", n-tv vom 18.11.2019.

Bitte empfinden Sie diese Faktoren nicht als sachfremde Faktoren einer Krisenkommunikation. Im Gegenteil: Da sie für die Persönlichkeit der Akteure eine echte und bedeutende Rolle spielen, muss man sie in der Beratung und auch in der Kommunikation ernst nehmen. Natürlich kann man das gegenüber Medienvertretern noch nicht einmal im Hintergrundgespräch nutzen: „Wissen Sie, der Alte schämt sich für seinen homosexuellen Sohn. Deshalb wirft er ihm jetzt auch Steine in den Weg." – Niemals darf das ein Ansatz sein.

Aber auch unpersönliche Eigentümer in Konzernstrukturen üben entsprechenden Druck auf die in lokalen Märkten handelnden Akteure aus. Auch hier sind persönliche Eitelkeiten, Befindlichkeiten und knallharte wirtschaftliche Interessen ein wesentlicher Faktor. Selbst erlebt: In der Konzernzentrale (Ausland) streicht jemand 14 Tage vor seiner Pensionierung mit einem beherzten Füllerschwung die deutsche Holding vom Organigramm und rasiert damit den Deutschlandchef ab, oder Länderchefs kappen die Marketingbudgets und melden die Einsparungen als Gewinne in die Konzernzentrale, um sich der Liebe und Zuneigung des großen Chef-Chefs sicher zu sein. Und ihrer Quartals-Tantieme. Andererseits realisiert man in fast allen europäischen Ländern ein teures Sportsponsoring-Projekt, das objektiv nicht einen Funken Sinn ergibt und nur Geld kostet – nur weil die oberste Heeresleitung gerne mit ihrem Enkel bestimmte Sportevents besucht. Für die Beratung und aktive Krisenkommunikation wichtig: Auch dieser Vorstand, obwohl nicht in einem Familienunternehmen tätig, agiert wie der Patriarch eines Familienbetriebes.

Da spendet mir mein Oberfeldwebel von damals immer wieder mental Trost: „Kommen Sie mir nicht mit Logik."

1.2.9 Historisches

Unternehmen wie auch die handelnden Akteure haben eine DNA, die ihr Leben, Handeln und Wirken bestimmt. Die DNA von Unternehmen wird durch Ereignisse bestimmt. Geraten Unternehmen in eine Krise, wird in der Regel zurück in die Vergangenheit geschaut. Hatte das Unternehmen, oder die Branche, bereits einen ähnlichen Fall? Was hat man aus den damaligen Ereignissen gelernt? Was auch nicht? Wie spielt dieses Ereignis in die jetzige Situation herein? Welche Akteure waren damals verantwortlich? War die heutige CEO damals nicht bereits als Abteilungsleiterin oder Stellvertreterin in den damaligen Skandal eingebunden? Diese Liste ließe sich jetzt beliebig umfangreich fortsetzen.

Im Journalismus erkennen Sie diese Denkweise an den sogenannten B-Stücken bei Großlagen. Beispielsweise werden bei einem bedeutenden Flugzeugabsturz unmittelbar danach „die größten Flugunfälle der Geschichte" in der Berichterstattung erneut verbreitet. Fluggesellschaften, die mit dem aktuellen Fall gar nichts zu tun haben, können so unter Umständen wieder in den Fokus der Öffentlichkeit geraten. Nun ist die Frage: Was unterscheidet einen Flugzeugabsturz journalistisch von einem bedeutenden Flugzeugabsturz? Hier ist entweder eine enorm hohe Zahl an Passagieren betroffen, beispielsweise 100 oder mehr. Dann sollten es in der Regel keine Soldaten sein, sondern Zivilisten. Tote Soldaten sind für die Öffentlichkeit nicht so tragisch wie tote Zivilisten. Der Absturz einer Frachtmaschine mit drei oder vier Crew-Mitgliedern ist nur dann interessant, wenn sie in ein Wohngebiet stürzt. Haben wir nur wenige tote Zivilisten (beispielsweise 30 oder weniger), dann sollten schon einige Landsleute aus dem Land der berichtenden Medien stammen. Sonst verliert sich hier die Relevanz. Das Auswärtige Amt beantwortet auch ungefragt: „Es sind einige Deutsche unter den Opfern". Das ist keineswegs zynisch, sondern menschlich absolut nachvollziehbar. Der gebrochene Arm Ihres unmittelbaren Familienmitgliedes beeinflusst Ihr Leben stärker als eine gesunkene Fähre auf den Philippinen mit 75 Toten. Objektiv ist das Ereignis auf den Philippinen tragischer als der gebrochene Arm bei Ihnen zu Hause. Aber die Toten des Fährunglücks haben für Sie keine Namen, keine Gesichter. Der Faktor „Familienmitglied" löst hier die größere Emotionalität aus. Bei No-Name-Toten müssen es deshalb schon eigene Landsleute sein, damit es uns stärker berührt.

Nach großen Flugunfällen bin ich jederzeit wieder direkt in den Flieger gestiegen, wenn es notwendig war. Mit einer Ausnahme: Als bei einem Flugzeugabsturz einer meiner Coaching-Klienten an Bord war, mit dem ich wenige Wochen zuvor noch ein Kommunikationstraining absolvierte, habe ich mich monatelang anders verhalten und bin lieber vier bis fünf Stunden mit dem Zug oder Auto gefahren, als zu fliegen. Statistisch völlig unlogisch – aber durch die neue Bezugsgröße: „Jetzt kennst du jemanden, der durch einen Flugzeugabsturz ums Leben gekommen ist" haben diese Ereignisse eine stärkere Nähe bekommen. Als ich das einem Bekannten erzählte, zeigte er mir anschließend den Wikipedia-Eintrag des Flugzeugabsturzes, den er als einer von wenigen überlebt hatte. Jetzt waren es schon zwei Menschen, die ich kannte, die mit Flugunfällen zu tun hatten. Inzwischen sind es drei geworden. Ich möchte Sie deshalb bitten, von Zuschriften zu diesem Thema abzusehen. Danke.

Zucker- und Marketingoffensive bei Capri-Sonne

Bei den Krisendynamiken gehe ich noch etwas näher auf den Faktor ein, dass ein Unternehmen niemals auf Null zurückfällt, wenn es eine Krise überstanden hat. Etwas Dreck bleibt immer haften? Ja. Capri-Sonne[52] bekam von foodwatch den „Goldenen Windbeutel" verliehen. Nicht unbedingt eine Premium-Auszeichnung, denn sie wird vor allem wegen „der dreistesten Marketingmasche"[53] verliehen. foodwatch-Gründer Thilo Bode rechnet seine kommunikative Währung in Würfelzucker um und bringt diesen auch in beachtlicher Pyramidengröße gerne in Talkshows mit, um zu veranschaulichen, wie viel Zucker ein durchschnittliches Kind in einem durchschnittlichen Zeitraum konsumiert. Da bricht bei uns Eltern nackte Angst aus. Bei einem 200ml-Beutel Capri-Sonne springt der Thilo-Bode-Würfelzucker-Index auf den Faktor 6,5. Das ist schon beeindruckend: 6,5 Stücke Würfelzucker bei einem Drink für zwischendurch – das ist viel.

Interessant ist zu wissen, wie es zu dem eindeutigen Endergebnis kommen konnte: Capri Sonne siegte in einer Online-Abstimmung mit 42,6 Prozent deutlich vor den zweit- und drittplatzierten Dr. Oetker und Nestlé mit 21,0 beziehungsweise 20,6 Prozent. Weit abgeschlagen und krisen-kommunikativ tiefenentspannt: Monsterbacke Knister von Ehrmann (9,7 Prozent) und dem Pom-Bär von Funny Frisch/Intersnack (5,2 Prozent).

Vor der Abstimmung, an der sich (unüberprüfbar) laut foodwatch 120.000 Verbraucherinnen und Verbraucher beteiligt hatten, veröffentlichte foodwatch die Liste der Nominierten. Damals arbeiteten auf den Capri Sonne-Etats zwei PR-Agenturen. Meine war die andere,

52 Inzwischen Capri Sun.

53 Originalformulierung foodwatch.

die für Capri Sonne Freezies (Eis) arbeitete und nicht für den von foodwatch kritisierten Tütendrink. Die Freezies hatten die foodwatchler damals noch nicht auf dem Schirm. Diese Kommunikation lief gerade erst an.

Leider zeigte das Familienunternehmen (!) Capri Sonne bei der Veröffentlichung der Shortlist durch foodwatch Nerven und befeuerte die Fachpresse bereits VOR der Kommunikation von foodwatch mit entsprechenden Statements, um vor der bevorstehenden foodwatch-Kampagne zu warnen und die Stellungnahmen des Unternehmens doch bitte möglichst zu berücksichtigen. Es gab auf der Shortlist durchaus Produkte, die in Punkto Gesundheit bedenklicher gewesen wären als Capri Sonne. Allerdings hatte die Heidelberger Rudolf Wild GmbH, die Capri Sonne herstellen, sich damit umso sichtbarer gemacht.

Ich erinnere mich noch gut an den Augenblick, wo ich als Agenturchef um eine Einschätzung der bereits von einer anderen Agentur formulierten und versendeten Capri Sonne-Pressemitteilung gebeten wurde. „Damit hat Capri Sonne die Wahl zum Goldenen Windbeutel schon vor der Verbraucherabstimmung entschieden. Als Nestlé und Dr. Oetker würde ich jetzt erst einmal einen Betriebsausflug in der Kommunikationsabteilung ansetzten. Das Ding landet hundertprozentig bei Capri Sonne."

Halten wir doch einmal fest: foodwatch geht es um Aufklärung – aber auch um Marktanteile im Spendenmarkt Deutschlands und die erkämpft man sich mit Publicity. Ein Unternehmen, das schon vor (!) Veröffentlichung die blanken Nerven herzeigt, muss nach dieser foodwatch-Marktlogik gewinnen. Dort ist für foodwatch am meisten zu holen. Sage ich damit, dass foodwatch die Wahl manipuliert hat? Nein, das sage ich ausdrücklich nicht. Auch, weil ich dazu keine Beweise vorlegen kann und dies dann rechtliche Konsequenzen für mich und dieses Buch haben könnte.

Allerdings muss ich an meine persönliche Enten-Theorie denken: Wenn es aussieht wie eine Ente, quakt wie eine Ente, fliegt wie eine Ente und nach der Landung schmeckt wie eine Ente – was könnte es nur sein?

Vermutlich war es auch die Sichtbarkeit von Capri Sonne, die bei zahlreichen Verbraucherinnen und Verbrauchern den Wunsch nach einem bestimmten Abstimmungsergebnis geweckt hat, denn schließlich wird Capri Sonne nicht in der Geschmacksrichtung „Ente" vertrieben. Jedenfalls wäre es für foodwatch weniger effektiv für die Öffentliche Wahrnehmung gewesen, hätte ein anderes Unternehmen bei der Abstimmung gesiegt.

Natürlich ist die Verleihung des Goldenen Windbeutels nun Bestandteil der Unternehmens-DNA. An dem Tag, wo ich genau diese Zeilen schreibe, hatte der Wikipedia-Eintrag von Capri-Sonne bis zu den Literaturquellen inklusiver einer kompletten Auflistung aller Produkte des Unternehmens 8.250 Zeichen. Auf das Kapitel „Kritik" entfielen 2.500 Zeichen – das sind nach einem einfachen Dreisatz gerechnet gute 30 Prozent der Unternehmensdarstellung bei Wikipedia, was viele Menschen (und leider auch immer mehr Medien) für eine echte Enzyklopädie halten.

Die mediale Aufmerksamkeit nach dem „Goldenden Windbeutel" war so groß, dass das Unternehmen weitere Konsequenzen ziehen musste, um es sich in der Öffentlichkeit nicht weiter mit den Konsumierenden zu verscherzen, denn letztlich ist der Kaufprozess des Produktes in den Familien in zwei Abläufe gegliedert: Der die Kaufentscheidung vorbereitenden Quengelphase des Nachwuchses und der endgültigen Kaufentscheidung durch die Eltern. Und die schauen angesichts der medialen Aufmerksamkeit dank des Goldenen Windbeutels nun (vorübergehend) etwas genauer hin.

Damit nicht genug.

> „Nach Kritik von foodwatch hat Capri-Sonne die Verbreitung einer werblichen Unterrichtsmappe für Grundschüler gestoppt. In dem Schulmaterial, das noch bis gestern an Lehrer verbreitet wurde, zeigte Hersteller Wild/SiSi-Werke Markenlogos sowie Produktabbildungen und schrieb dem Softdrink Capri-Sonne positive Eigenschaften zu. Das stark zuckerhaltige Getränk wurde zudem irreführend in den besonders empfohlenen Bereich der Ernährungspyramide einsortiert – verbunden mit der Empfehlung, Schüler sollten „viel" davon verzehren."[54]

Sie wissen um die Neutralität von Kitas, Grundschulen und Schulen, was Werbung, Marketing und PR betrifft. Wer sich also vorwagt und dort Schulmaterialien mit gewissen PR-Botschaften platziert, der hat mit Sicherheit einen Wettbewerbsvorteil – aber er macht sich auch angreifbar. Das eine gibt es nicht ohne das andere. Wird man nun mit einer weiteren Maßnahme konfrontiert, die in der Öffentlichkeit Anlass zu (berechtigter) Kritik gibt, dann steigt man auf diesem erhöhten Niveau bei der Krisenkommunikation wieder ein. Dies sind Faktoren, die ich hier als *historisch* bezeichnet habe. Für Medien wie auch Medienkonsumierende bieten jedoch Ereignisse, die in der Vergangenheit liegen, gewisse Orientierungshilfen bei dem, was gerade aktuell passiert. Für die Krisenkommunikation ist es Fluch wie Segen zugleich: Im Optimalfall profitiert man davon, wenn Krisen in der Vergangenheit gut gemanagt und auch gut kommuniziert wurden – oft ist es jedoch so, dass man sich dann mit den Altlasten von damals wieder erneut herumschlagen muss.

Ob man dann unbedingt Helmut Kohls „Mantel der Geschichte" um den Schultern spürt, wage ich zu bezweifeln. Wohl eher den „Wandel der Geschichten".

1.2.10 Zielgruppen

Eine Krise betrifft oder interessiert schnell die Personengruppe „Alle", die jedoch keine genaue Zielgruppe sind. Hier muss genau unterschieden werden, denn unterschiedliche Zielgruppen benötigen eine unterschiedliche Ansprache. Auch über die jeweiligen Medienkanäle, die Sie hoffentlich nicht erst aufsetzen müssen, wenn die Krise bereits angelaufen ist.

„Ja, sollen wir denn jetzt auch etwas mit Twitter machen?" – wenn Sie sich diese Frage stellen müssen, ist bereits Holland in Not. Das heißt nicht, dass zwingend ein Twitterkanal betrieben werden muss, aber wenn ich ihn in der Krise brauchen sollte, muss er in Schönwetterzeiten bereits aufgesetzt und etabliert sein. In einem Fall, den ich zu betreuen hatte, setzte eine Nichtregierungsorganisation, die keineswegs fair spielte in ihrer Kommunikation, auf zahlreiche Fake-Accounts bei Twitter, um die Stimmung gegen meinen Auftraggeber öffentlich anzuheizen. Sie setzte darauf, dass in dem Zielland meines Auftraggebers Twitter in der Kommunikation akzeptierter und verbreiteter ist als bei uns in Deutschland. Obwohl mit bloßem Auge für jedermann ersichtlich (Zeitpunkt des Twitter-Beitritts des Accounts, Zahl der Follower und vor allem, dass sich diese Accounts überwiegend gegensei-

54 Originaltext foodwatch.

tig folgten und nur das eine Thema behandelten), dass es sich dabei um eine Kampagne handeln musste, griffen Medien den Tenor auch dieser Tweets durchaus in der Berichterstattung auf. Hier waren wir in der Lage mitzuhalten, denn der Twitterkanal des Auftraggebers war seit Jahren etabliert und wurde auch regelmäßig bespielt. Es kostet zunächst Überwindung, in einigen Tweets die Hashtags des Gegners ebenfalls in die eigenen Tweets einzubinden – aber auf diese Art und Weise wird man auch in den entsprechenden Gegner-Timelines angezeigt.

Identifizieren Sie die zu bedienenden Zielgruppen zunächst und überlegen dann, ob und wie sie diese Zielgruppen gegebenenfalls bündeln können. Formal betrachtet sind Medien keine Zielgruppe, sondern Medien, über die letztlich die Zielgruppen bedient werden können, aber als Empfänger Ihrer Kommunikationsmaßnahmen habe ich sie hier noch mit aufgeführt.

Belegschaft, Kunden, Geschäftspartner, Aktionäre, Eigentümerfamilie, Gremien des Unternehmens, Medien, Multiplikatoren wie beispielsweise Politiker, Prominente, Werbeträger der eigenen Marke, Tochterfirmen, Zulieferer, ehemalige Mitarbeiter (in einigen Firmen sind die Ehemaligen noch über gemeinsame Freizeitaktivitäten dem Unternehmen verbunden), allgemeine Öffentlichkeit, Nichtregierungsorganisationen.

Wenn Sie sich diese Liste anschauen, dann wird deutlich, dass natürlich nicht überall die komplette Bandbreite an Zielgruppen zu bedienen ist. Deshalb möchte ich einige Beispiele herausgreifen. Nehmen wir beispielsweise die Ehemaligen eines Unternehmens. Wenn in der Presse Unregelmäßigkeiten bei der Finanzierung der Betriebsrente anstehen, wenn das Unternehmen an einen Hedge-Fonds verkauft wird, wenn eine hohe Milliardenstrafe ansteht oder tatsächlich jemand Gelder aus der Rentenkasse veruntreut hat und damit auf der Flucht ist, ist es nicht nur menschlich geboten, diese ehemaligen Mitarbeiterinnen und Mitarbeiter zu informieren, sondern auch eine strategische Notwendigkeit. Denn die O-Töne, die dann von Ehemaligen in den Medien auftauchen könnten, heizen die Krise noch kräftig an: „Ich habe 30 Jahre dort geschuftet und jetzt betrügen sie mich um meine Rente", „Ich weiß nicht mehr, wovon ich jetzt leben soll", „Nur gut, dass mein Josef das nicht mehr erleben muss, der würde sich im Grab herumdrehen"... Nein, diese Beispiele sind keine erfundene Übertreibung, sondern redaktioneller Fakt.

Über die Emotionalität von Eigentümern in Familienbetrieben – auch und gerade jene, die über mehrere Generationen in Familienbesitz sind – habe ich an anderer Stelle bereits geschrieben. Diese Eigentümer sind, auch wenn sie im operativen Geschäft keine Rolle spielen und lediglich Aufsichtsfunktionen haben, eng einzubinden und auf dem Laufenden zu halten.

Die Kommunikation mit den Tochterfirmen ist unverzichtbar. Wenn ich als Journalist bei der Zentrale nicht weiterkomme mit meinen Recherchen, dort keine Zitate erhalte oder über den Verlauf der Krise informiert werde, suche ich mir eine andere Niederlassung, stehe beim Schichtwechsel auf öffentlichem Grund (dort kann man mir beispielsweise Dreharbeiten nicht untersagen). Dankbarer für die Medien sind in der Regel jene, die gerade von der Schicht kommen: Sie sind nicht mehr in Eile, rechtzeitig einzustempeln und haben vermutlich in der Produktion keine Nachrichten konsumiert. Sie sind in der Regel uninformiert, oder nur schlecht informiert. Gerne geben Medien dann ein oder zwei kurze

Sätze zum Sachverhalt und bitten dann um eine Kommentierung. Menschen, die auf dem Weg zur Schicht sind und über die Lage im Unternehmen durch Medienkonsum einigermaßen informiert sind, fragt man einfach: „Mit welchem Gefühl gehen Sie jetzt zur Arbeit?" – und bekommt absolut brauchbare Antworten. Dazu dann ein paar Kameraschwenks von außen und der Hinweis, dass die Konzernzentrale nichts sagen will, während hier, draußen im Lande, die Belegschaft mit Angst und mulmigem Gefühl dennoch loyal ihre Arbeit verrichtet – fertig ist der Bericht für die nächste Magazinsendung. Denn die Fakten kann das Medium aus dem Off[55] berichten.

In der Corona-Pandemie zog Adidas den öffentlichen Zorn auf sich, als das Unternehmen ebenfalls davon Gebrauch machen wollte, Mietzahlungen auszusetzen. Eine Maßnahme, die von der Politik eher für inhaberbetriebene Einzelhandelsgeschäfte und nicht für Weltmarken und große Ketten gedacht war. Der Reflex in der Öffentlichkeit war in Richtung Produktboykott blitzschnell. „Mieten-Stopp bei Großkonzern: SPD-Politiker verbrennt Adidas T-Shirt"[56]. Es handelte sich um den Bundestagsabgeordneten Florian Post. Er bezieht sich auf einen Bilanzgewinn von 750 Millionen Euro des Unternehmens und kritisiert, dass sich das Unternehmen auf die Corona-Notgesetze beruft. Unklar ist zu diesem Zeitpunkt jedoch, ob der Konzern Adidas der Mieter ist oder eine Unter-GmbH, die tatsächlich in Zahlungsschwierigkeiten stecken könnte. Ein anderer Gedanke: Adidas ist eine Aktiengesellschaft und die Vorstände sind den Aktionären verpflichtet. Was ist, wenn bei der nächsten Jahreshauptversammlung jemand fragt, warum der Vorstand nicht die Chance genutzt hat, in Summe Millionenbeträge an Miete einzusparen und ihn dafür haftbar machen möchte? Ein T-Shirt öffentlich zu verbrennen, verschafft einem SPD-Politiker bundesweite Aufmerksamkeit. Wie wäre es für Adidas gelaufen, wenn das Unternehmen einen Vorstandsbeschluss gefasst hätte: Wir nehmen unsere Verantwortung in der Gesellschaft ernst und zahlen unsere Mieten. Darüber hinaus verkaufen wir online eine Sonderedition, mit der wir in einen Fonds einzahlen, der kleinere Einzelhändler in den Innenstädten unterstützt, damit unsere Innenstädte nicht aussterben. – Ich gebe zu, an der Idee kann man jetzt noch feilen, aber dann wären Politiker wie Florian Post (der aus München kommt, wo die großen Ketten dafür sorgen, dass sich Einkaufsstraßen nicht von denen in Hamburg, Köln oder Stuttgart unterscheiden) mit die ersten, die sich mit dieser Edition fotografieren lassen wollen.

Im Falle von Florian Post wäre es für Adidas sicher keine gute Idee, in der Kommunikation konfrontativ einen Vergleich zur Bücherverbrennung der Nationalsozialisten zu ziehen. Aber ein Anruf und ein Hintergrundgespräch könnten hier unter Umständen schon Wunder wirken. Nun mag man vielleicht denken, wer ist schon Florian Post? Er ist immerhin Mitglied im Ausschuss für Recht und Verbraucherschutz. Damit ist klar: Er wird bei Verbraucherthemen etwas stärker emotional involviert sein, denn auch wenn das Verbrennen eines Adidas-Shirts ein wohl kalkulierter Vorgang war – der emotionalen Wirkung war er sich durchaus bewusst. Ein solches Hintergrundgespräch macht einen Abgeordneten anschließend nicht zum Markenbotschafter, aber wenn man ihn komplett ignoriert, kann es sein, dass er noch stärker nach Aufmerksamkeit heischt. Deshalb in jedem Fall das Ge-

55 On = Gesprächspartner, Reporter/in ist sichtbar und erzählt, Off (auch Off-Text) ist der redaktionelle Text, der über die Bilder gesprochen wird.

56 BILD Live vom 29.3.2020.

spräch suchen. Vielleicht fehlte ihm die eine oder andere Information, die man ihm dabei geben kann und die ihn seine Sicht auf die Dinge noch einmal überdenken lässt.

Denkanstöße

1. *Wenn Sie in den Medien Krisenfälle wahrnehmen, verfolgen Sie das Thema konsequent.*
2. *Analysieren Sie, wann welche Akteure auf den Plan treten.*
3. *Gibt es Multiplikatoren, die eine Rolle spielen?*
4. *Verlieren Sie das Thema aus den Augen, versuchen Sie anschließend herauszubekommen, was dazu geführt hat. War es die gute Kommunikation des Unternehmens?*

1.3 Der Problemzyklus

Problemzyklus, Krisenzyklus, Zyklus der Medienaufmerksamkeit – müssen wir hier etwas Ordnung hereinbringen? Kommt darauf an, wen Sie fragen. Ich verwende in meinen Coachings den Begriff *Problemzyklus* in einer sechsstufigen Ausführung, weil er meiner Ansicht nach im Bereich der Krisenkommunikation für unseren Teil der Arbeit sehr präzise ist, wenn man ihn klar definiert. Dennoch: Die EINE Weisheit gibt es nicht. Was wir ausschließen können, ist die marxistische Krisentheorie (auch: marxistische Konjunkturtheorie). Auch wenn sie dem Prinzip anderer Krisenzyklen in ihrer Dynamik durchaus ähnlich ist: Stagnation, Prosperität, Überproduktion, Krise – und das Ganze wieder von vorne: Stagnation…

Beginnen wir mit dem *Zyklus der Medienaufmerksamkeit*, der in der Regel aus fünf kreisförmig angeordneten Punkten besteht.

Punkt 1 ist sie sogenannte „Vor-Problem-Phase". Alles scheint gut, die Sonne strahlt über das Land. Aber irgendwo im Grünen sickert schon Supertoxin ins Grundwasser – nur ist bis dahin noch niemand dahintergekommen.

Was folgt ist die Phase 2, die „Alarmistische Phase". Ein findiges Medium kommt dem Supertoxin auf die Schliche, ein Whistleblower sticht eine Information durch; gibt Dokumente weiter – die Öffentlichkeit ist alarmiert. Mit der Öffentlichkeit des Vorgangs erlangt er im verursachenden Unternehmen des Problems auch eine gewisse Priorität.

Gefragt sind – neben all den Begleiterscheinungen wie Verbraucher-/Produktboykott, Demonstrationen, Gerichtsverfahren und politischer Reaktion bis hin zu Gesetzesänderungen dann in Phase 3 Lösungsstrategien. Diese können durchaus kontrovers sein, doch liegt der Fokus hier ganz klar auf der Lösung, um das Medieninteresse und die Aufregung in der Öffentlichkeit abzumildern.

Damit ist die Vorbereitung zur Phase 4 abgeschlossen, denn in der Phase 4 nimmt das öffentliche Interesse schon etwas ab, um dann in Phase 5 zu einem Randthema zu verfallen.

Wenn das Unternehmen Glück hat, verliert sich die Berichterstattung bei einem entsprechenden Urteil, das einige Monate oder Jahre später von den Gerichten getroffen wird, in den hinteren Spalten der Presse oder weit hinter den Aufmachern auf den Content-Bühnen ansonsten reichweitenstarker Online-Medien. Nach der Phase 5 können sich die Medien dem nächsten Thema zuwenden, das sich bereits in der Phase 1 befindet: Der Vor-Problem-Phase. Und weiter geht's: das Ganze noch mal von vorne durch alle Phasen. Oder, wie man früher in Redaktionen wie Pressestellen sagte: „Dann wird die nächste Sau durchs Dorf getrieben".

Der *Politikzyklus* ist ähnlich: Phase 1: Problem, Phase 2: Auseinandersetzung mit diesem Problem, Phase 3: Entscheidung, Phase 4: kollektive oder individuelle Reaktion, Phase 5: Neues Problem – und so weiter, und so weiter.

Mit dem *Zyklus der Medienaufmerksamkeit* sind die Wirkmechanismen der Abläufe gut beschrieben und es lassen sich daraus natürlich verschiedene Eskalations- und Reaktionsstufen für die Medienarbeit herleiten. Klingt gut in der Theorie – und in der Praxis stoßen wir natürlich stets an Widrigkeiten, die Schaubilder aus Büchern uns scheinbar vorenthalten. Schauen wir uns den **Problemzyklus** einmal genauer an, wie ich ihn für sinnvoll und nachvollziehbar halte – und für eine Kriseneinschätzung entsprechend verlässlich. Hier kommen Politik, Medien und Handeln des Unternehmens zusammen und er besteht aus einer Phase mehr als der *Zyklus der Medienaufmerksamkeit*.

Phase 1, der **Problemursprung** ist vergleichbar mit der Phase 1 bei der Medienaufmerksamkeit: Die Lage scheint entspannt, alles läuft gut. Keine Welle kräuselt sich auf dem Wasser. Dynamik entfaltet sich erst bei Phase 2, dem **Problemfokus**. Dort, wo jemand ahnt, dass da mit dem Wasser etwas nicht stimmt und man einen der so seltsam anmutenden Fische, die stabil mit dem Bauch nach oben im Wasser treiben, mal in ein Labor schickt. Die **Problemvertretung/Problemvertreter** in Phase 3 sind dann diejenigen, die auch im Medienkontakt, ordentlich Wasser auf die Mühlen geben. Die Krise nimmt Fahrt auf. Bürgerinitiativen organisieren Proteste, betreiben eigene Webseiten und machen Ihnen in den sogenannten sozialen Medien die Hölle noch ein paar Grad heißer. In Zusammenarbeit mit den Medien werden **Problembegriffe** (Phase 4) geprägt. Unterschätzen Sie die Macht solcher Begriffe nicht. Reminder: „Gentechnisch manipuliert" ist der bevorzugte Begriff der Gegner von Gentechnik. Übrigens schlägt die Duden-Redaktion unter anderem beim „manipulieren" folgende Sichtweisen vor: „Eine Ware an die Bedürfnisse des Verbrauchers durch Sortieren, Auszeichnen, Mischen, Veredeln (z.B. bei Tabak) anzupassen" oder „mit etwas kunstgerecht umgehen". Niemand käme beim Begriff „gentechnisch manipuliert" auf die Idee, die Aussage als einen „kunstgerechten Umgang mit Lebensmitteln" zu interpretieren. Hier gilt bei den Worten: Die emotionale Wahrnehmung in der Öffentlichkeit ist entscheidend. Die Phasen 4 und 5 gehen fließend ineinander über, denn der Phase 4, der Prägung von *Problembegriffen* folgt die **Medienresonanz** (Phase 5) so sicher, wie das Amen in der Kirche. Wenn ein Thema in Deutschland genügend Öffentlichkeit erfährt, so nimmt die Politik sich der Sache gerne an. Denn neben Schlagzeilen ist hier für die Politik echter Mehrwert zu holen. Schon wieder haben wir den Bezug, zwischen Waschmittel und Politik und ihren Produkteigenschaften, wie zum Beispiel „umweltschonend", ihrem Verbraucherversprechen (demokratisch, nicht nur sauber, sondern rein) und ihren über Stammkunden wie Laufkundschaft (Stammwähler/Stammkunden, Wechselwähler/Gelegenheitskäufer) letztlich: Der Ausbau von Marktanteilen über die Methode der Beeinflussung öffentlicher Meinung, des öffentlichen Bedürfnisses.

Allerdings verschwinden diese Probleme nach der **Politisierung** nicht, sondern verlagern sich auf eine andere Ebene.

Beispiel gefällig? Gerne.

Hauptsache, es qualmt?

Phase 1, Problemursprung: Rauchen ist gesellschaftlich akzeptiert. In meinem Büro habe ich noch den Ausdruck einer alten Zigarettenwerbung mit einem Mann im weißen Kittel, der eine brennende Zigarette in der Hand hält: „More Doctors smoke Camel, than any other cigarette." Grundlage war eine Studie[57], in der Ärzte bereitwillig eingeräumt hatten, im Zweifel zur Camel zu greifen.

Phase 2, Problemfokus: Die Unternehmen relativierten mit zahlreichen Studien die Gefahren des Tabakkonsums und mussten vor allem in den USA zahlreiche Urteile kassieren, die sich mit der Täuschung der Verbraucher beschäftigten.

Phase 3, Problemvertreter: Ärzte, Verbraucherschützer – sie alle nahmen sich des Themas öffentlich an.

Phase 4, Problembegriffe: Raucherhusten, Raucherlunge oder nur ein Raucherbein – dies alles sind keine medizinischen Fachbegriffe, sondern Problembegriffe, die von den Gegnern des Rauchens verwendet werden. *Chronisch obstruktive Lungenerkrankung (mit starker Exazerbation)* ist halt nicht so griffig, wie *Raucherhusten*. Wer an einer *peripheren arteriellen Verschlusskrankheit* erkrankt ist, scheint ein unschuldiges Opfer widriger Umstände – wer aber ein *Raucherbein* hat, der ist schuldig. Zumal eine *periphere arterielle Verschlusskrankheit* auch andere Ursachen haben kann. *Raucherbein* ist nicht nur griffiger, sondern es definiert den Betroffenen zugleich auch als (dummen) Schuldigen.

Phase 5, Politisierung: Wir haben zwar in den Bundesländern nun entsprechende Nichtraucherschutzgesetze (Bayern hatte 2008 das härteste, was jedoch später wieder etwas gelockert wurde), aber das Verhältnis zwischen Rauchern und Nichtrauchern ist dadurch ja nicht wirklich abschließend geklärt. Zu meiner Schulzeit kamen Promoter noch mit Gratis-Samples (3 Zigaretten je Probeschachtel) zur Großen Pause vor die Schule – heute ist im Umfeld von Schulen sogar Plakatwerbung für Zigaretten verboten. Kritiker des Gaststätten-Rauchverbotes beschworen ein Massensterben in der Gastronomie. Das Gegenteil war der Fall. Inzwischen beschäftigen wir uns nicht mehr damit, ob man in Gaststätten rauchen darf – oder nicht. Die Öffentlichkeit wird dafür sensibilisiert, sich anderen Aspekten des Rauchens anzunehmen. Beispielsweise dem Ausdünsten von Nikotin aus Türpfosten und Fensterrahmen, wenn der Vormieter einer Wohnung ein Kettenraucher war und man als Nachmieter dort einzieht. Der Problemzyklus dreht sich immer weiter.

57 Almut Fink in „Vor 50 Jahren wurde der Marlboro-Mann aus dem US-TV gejagt" für Deutschlandfunk 2.1.2021.

Gesellschaftliche Veränderungen anstoßen

Sexuelle Belästigung am Arbeitsplatz? Ein Klaps auf den Po der weiblichen Schreibkraft? Das war mal gesellschaftlich akzeptiert. Dann griff der Problemzyklus: Problemvertretungen besetzten Problembegriffe (sexuelle Belästigung), die Medien griffen das auf, es führte dazu, dass die Politik sich des Themas annahm und entsprechende Gesetze schuf und bestehende veränderte. Haben wir das Problem zwischen Männern und Frauen dadurch jetzt abschließend gelöst? Leider nein. Nun geht es um „verbale sexuelle Belästigung" und andere Formen der Unterdrückung.

Atomkraft ist ein Segen der Menschheit? Schwangerschaftsabbruch ist illegal[58]? Homosexualität strafbar[59]? Frauen dürfen nur mit Genehmigung des Ehemannes ein eigenes Konto haben[60]? Frauen dürfen nicht wählen[61]?

Wenn Sie auch nur einen Teil dieser gesellschaftlichen Veränderungen in den letzten Jahrzehnten mitbekommen haben, unabhängig davon, ob Sie davon direkt oder indirekt betroffen waren, dann können Sie nachvollziehen, wie wichtig es für die Gesellschaft war, dass diese Themen durch den Problemzyklus gegangen sind – und auch durch den Zyklus der Medienaufmerksamkeit. Denn ohne all diese Zyklen hätte sich keine Gesellschaft jemals weiterentwickeln können. Nicht immer geschieht dies zum Guten. Sicher. Aber so funktioniert das System nun einmal: Wenn es überwiegend Gutes zum Vorschein bringt, heißt das nicht, dass es nicht auch Auswüchse an den Rändern gibt.

Eins sollte man allerdings beachten: Wenn wir selbst gerade das Thema sind, das durch den Problem- und Medienzyklus geschickt wird, fühlt sich das nicht gerade sehr angenehm an. Aber es ist ein absehbarer Zyklus. Und wenn der einmal angestoßen ist, dann ist zuweilen auch unternehmerisches Umdenken notwendig. So gibt es inzwischen auch bei McDonald's Betriebsräte. Niemand zwingt das Unternehmen schließlich in Deutschland Filialen zu eröffnen – tut es dies jedoch, muss es halt auch mit den deutschen Gesetzen klarkommen. Und wenn jemand als Franchise-Nehmer gleich mehrere Filialen betreibt, muss er auch mit einem Gesamtbetriebsrat klarkommen.[62] Niemand zwingt ihn ja, fünf Filialen zu betreiben. Genauso gut könnte er sich zur Finanzierung des Lebens beim Discounter an die Kasse setzen. – Was allerdings seine Sichtweise auf Betriebsräte nachhaltiger verändern dürfte als das Gerichtsurteil aus Kassel.

58 Titelgeschichte des stern vom 6.6.1971: „Wir haben abgetrieben!" rund 370 Frauen bekannten sich dazu, eine Schwangerschaft abgebrochen zu haben.

59 Deutschland kippte den entsprechenden Strafgesetzbuch-Paragrafen 175 erst im Jahr 1994.

60 In Deutschland noch bis 1962, erst nach 1969 galt eine verheiratete Frau als geschäftsfähig.

61 In der Schweiz erst ab 1971.

62 Vgl. „Richter zum Streit um Betriebsrat bei McDonald's: ‚Es ist ihr gutes Recht'", Hessische Niedersächsische Allgemeine vom 23.2.2017.

Denkanstöße

1. *Nehmen Sie ein bedeutsames Thema aus Ihrem Bereich und hinterfragen Sie, wie es sich in den jeweiligen Zyklen verhalten hat, verhalten würde.*
2. *Analysieren Sie, welche Faktoren dabei eine Rolle gespielt haben/spielen würden und welche Akteure in Ihrem Unternehmen eine wichtige Funktion haben.*
3. *Haben oder würden sich nach einmaligem Durchlauf im Problemzyklus Ihre internen Abläufe verändern?*

1.4 Das Auf und Ab in der Krise

Bei den Verläufen von Krisen hat man es in der Regel mit einem von drei repräsentativen Kurvenverläufen zu tun. Fangen wir bei dem einfachsten an: Dem sogenannten „Berg". Die Krise kocht innerhalb kürzester Zeit hoch – und ebbt dann ab. Beispielsweise der Brand bei Currenta im Leverkusener Chempark, wo ein Tanklager mit chemischen Abfällen Feuer gefangen hatte. Dies ist – bis zum Redaktionsschluss dieses Buches – ein Klassiker: Explosion, Feuer, Autobahnen gesperrt, Anwohner müssen Fenster und Türen geschlossen lassen, es wird gewarnt vor Rußpartikeln in den Gärten und auf den Terrassen, die man nicht selbst wegwischen solle. Die Zahl der Toten erhöhte sich, wie die Zahl der Vermissten abnahm. Während die Bevölkerung aufgefordert wurde, auf den Verzehr von Obst und Gemüse aus dem eigenen Garten zu verzichten, wurden die umliegenden Felder weiter bewirtschaftet. Darauf hatten die Medien nicht unbedingt einen Blick gerichtet, aber man konnte es in den Tagen und Wochen als Autofahrer von der nahegelegenen Autobahn aus gut beobachten. Die zuständige Kölner Polizei (Leverkusen hat keine eigene Polizeidirektion) sprach laut Medienberichten von einer „Puzzlearbeit", die man bei der Suche nach der Unglücksursache verrichten müsse. Dieser Begriff ist mehr als unglücklich gewählt – denn ein Unglück mit mehreren Toten ist kein Puzzle, das es zu lösen gilt. Puzzle klingt gemütlich nach einer mediativen Tätigkeit bei Kerzenschein im Lockdown. Nach dem Currenta-Unglück ist die Berichterstattung komplett abgeebbt, sobald der Brand gelöscht, die Zahl der Verletzten und Toten feststand und die Bevölkerung keinen Schutzmaßnahmen ausgesetzt war. Der Verkehr an der Unfallstelle fließt wie immer, an das Unglück erinnern im Sommer 2021 nur noch ein paar Löcher in der Fassade. Zumindest von der Autobahn aus. Der Mais und Weizen auf den Feldern interessiert zurzeit niemanden. Später dann wird die Berichterstattung noch einmal in der Phase 4 anziehen, wenn es an die Vorlage von Untersuchungsberichten geht, den Abschluss der staatsanwaltlichen Ermittlungen und den Beginn oder das Ende eines eventuellen Gerichtsverfahrens. Die Opposition wird ältere Aussagen zum Chempark des Leverkusener Bürgermeisters als Argument im Wahlkampf herauskramen, der Chempark-Betreiber wird eine Überprüfung der Sicherheitsabläufe aktualisieren – das Übliche. Aber die Krise ist so gut wie vorbei, sofern man nicht jemandem grobe Fahrlässigkeit oder Vorsatz nachweisen kann.

„Exponentiell" – vermutlich ist noch nie ein Fremdwort so schnell in den allgemeinen Sprachgebrauch vorgedrungen wie dieses. Vor allem in Zeiten der Covid19-Pandemie. Davor sprach man bei einem derartigen Krisenverlauf von einer „schleichenden Krise" – also einer Kurve, die zunächst flach verläuft und dann sehr steil steigt. Derartige Krisenverläufe sind – wen könnte es hier verwundern – die Lockdown-Vorboten angesichts der Infektionsraten im ersten Jahr der Covid19-Pandemie. Gemeint ist hier jedoch vor allem die Tatsache, dass man die Vorboten einer Krise nicht rechtzeitig erkennt und sie später umso heftiger einschlägt. Beispielsweise die CO2-Debatte in der Automobilindustrie, die – wenn sie Ende der 1990er Jahren aufmerksam die Medien verfolgt hätte – nun nicht so heftig und überraschend die Hersteller unter Druck setzen würde. Oder die Entwicklungen um gendergerechte Sprache, sexualisierte Ausdrucksweise, LGBT-Debatte, Equal-Pay-Day, vegane Lebensmodelle, Zucker/Diabetes und vieles mehr. Wenn wir in die Nachbetrachtung gehen und den Blick zurücklenken, dann können wir schnell Faktoren erkennen, die diese Entwicklungen vorhersehbar gemacht hätten. Die Branchen, die sich mit Zucker, Alkohol und Fett in ihren Herstellungs- und Vermarktungsprozessen beschäftigen, können beispielsweise mit einem Blick in die Vergangenheit, Gegenwart und Zukunft der künftigen Krisendynamiken erkennen.

Natürlich ist hätte-wäre-könnte kein guter Faktor in einer harten Analyse. Dennoch: Das Leben wird nach vorne geplant und nach hinten verstanden. Somit schärft unser Blick nach hinten die Erkenntnis nach vorne. Nichts Neues? Mag sein. Aber es ist in der Krisenkommunikation und Krisenprävention ein Faktor, der häufig und sehr gerne übersehen und ausgelassen wird. Entscheidend ist doch, ob wir bei anderen Faktoren, die derzeit noch klein und unscheinbar sind, bereits jetzt Parallelen erkennen können und wir uns deshalb auf kommende Krisen bereits vorbereiten. Analysten machen das bei Aktien so, Politprofis bei den Themen für den nächsten Wahlkampf und Medien bei der Planung der nächsten Serie von Sommerreportagen.

Ein weiterer typischer Krisenverlauf ist die Wellenform, die sich langsam hochschaukelt. Sie beginnt mit einer kleineren Welle, die gewissermaßen noch keinen Schaum auf der Krone hat, bei der zweiten ist es schon ein wenig, bei der dritten etwas mehr und die vierte Welle bricht schon richtig. Denken Sie an den Diesel-Skandal bei Volkswagen. Zunächst war es nur VW und dann der Konzern mit seinen anderen Marken, die ebenfalls mit in die Krise gerieten. Hier war ich erstaunt, wie schlecht man an der ein oder anderen Stelle im Konzern darauf vorbereitet war. Niemand konnte doch ernsthaft davon ausgehen, dass zum Beispiel Audi ungeschoren davonkommt, während man VW aufknüpft? Übrigens: Die desaströse Präsenz von VW-Chef Martin Winterkorn war nicht krisenbedingt – er war auch vorher bereits schlecht in seinen Auftritten, wenn er von einem Teleprompter lesen musste. Krisen verstärken solche Effekte und hier rächt es sich bitter, wenn er in den sogenannten Schönwetterzeiten seines Konzerns es versäumt, sich hier entsprechend zu qualifizieren.[63] Lesen können alle – aber von einem Teleprompter so zu lesen, dass es nicht hölzern wirkt und stattdessen Glaubwürdigkeit entfaltet, DAS ist die hohe Kunst der Vorstands-Kommunikation.

Die sich aufschaukelnde Wellenform ist in der Regel der Beleg für eine schlecht gemanagte Krise, wo das Unternehmen seiner Kommunikation hinterherläuft, denn warum sonst sollte sich eine Krise weiter aufschaukeln? Dass unter Umständen neue Dynamiken in eine Krise kommen, weil andere Ereignisse (politische Entscheidungen, politische Entscheider,

63 Vgl. „Schockstarre durch den Teleprompter" unter www.YouTube200prozent.com.

die die Wahrnehmung einer Krisensituation aus persönlichem Interesse heraus verschärfen, robustes Vorgehen der Behörden usw.) sie entsprechend anfachen, ist ein völlig normaler Vorgang. Das alleine führt nicht zum einen Aufschaukeln des Krisenverlaufes.

Aber dass sich ein Unternehmen nicht direkt der vollumfänglichen Risiken und Dynamiken annimmt – dieses Problem liegt beim Unternehmen selbst. Natürlich nicht unbedingt bei den einzelnen Akteuren, denn wenn ein Vorstand mit seinem Herrschaftswissen über Missstände gegenüber der Kommunikationsabteilung gar nicht oder nur auf Druck der Presse herausrückt, kann man dies schlecht den Kommunikatoren in der Fachabteilung ankreiden. Allerdings sehr wohl dem Unternehmen als Gesamtes. Im Zweifel ist die Geschäftsleitung dafür verantwortlich, wie die Unternehmenskultur sich in den letzten Jahren entwickelt hat. In einem Unternehmen, wo es keine Fehlerkultur gibt, und jemand, dem einer unterläuft, sofort entlassen oder anders sanktioniert wird – in einem solchen Umfeld werden in Krisenzeiten oftmals wichtige Informationen nicht oder nur geschönt weitergegeben. Es muss auch der Geschäftsleitung bewusst sein, was jedem Kommunikator als Basis für die eigene Kommunikationsarbeit dient: Vertrauen und (schonungslose) Offenheit innerhalb der Organisation. Wenn Sie einem Anwalt die Hälfte verschweigen, kann er auch nicht wirklich für Sie tätig werden. Auch wenn es peinlich ist: Zumindest die Leitungsebene der Kommunikationsabteilung sollte vollumfänglich ins Vertrauen gezogen werden – sofern (beispielsweise bei Aktiengesellschaften) die Mitarbeiterin oder der Mitarbeiter nicht gemäß gesetzlichen Auflagen verpflichtet wäre, diese Sachverhalte sofort zu melden, wenn er davon Kenntnis erlangt. Das kann bei externen Beratern schon wieder ganz anders aussehen.

Denkanstöße

1. *Hinterfragen Sie mögliche Wellenverläufe aus den Szenarien, mit denen Sie sich auf die Krise vorbereiten.*
2. *Überlegen Sie, wie Sie vor allem beim Auf- und Abschwellen Einfluss nehmen können.*
3. *Entwickeln Sie „Wellenbrecher", die massiv in die Krisendynamik zu Ihren Gunsten eingreifen.*

1.5 Krise im Zeitstrahl der Ereignisse

Phase 1: Die Krise erwärmt sich

Oft sind es Gerüchte, die als erstes die Runde machen. Sie kennen vermutlich aus den Börsenberichten im Fernsehen die beiden Sätze „Die Börse hat diese Entwicklung bereits vorweggenommen" und/oder „Das war in den letzten Tagen bereits in den Kursen eingepreist" – der im Grunde genommen nur bedeuten kann, dass da jemand Insiderinformationen hatte. Wie sonst sollte „die Börse" eine Kursentwicklung bereits in den vergangenen Tagen eingepreist haben, wo erst heute der Hinweis zu bestimmten Informationen verbreitet wurde? In diesem Buch habe ich den Kantinenbetreiber, der den Vertrag gekündigt bekam und nun fürs kommende Jahr mit 20 Prozent weniger Essen ein neues Angebot unterbreiten soll, bereits als Frühindikator unternehmensbezogener Veränderungen bei der Belegschaftsplanung angesprochen. Andere Punkte: Mitarbeiter aus der Personalabteilung lassen mal beim Mittagessen eine Andeutung fallen, eine Assistenz erzählt, dass in den letzten Wochen mehrere Treffen mit der Geschäftsleitung von Wettbewerbern stattfanden, oder in der Telefonzentrale ruft immer wieder „der aus Indien" an, der einen nicht unerheblichen Aktienanteil besitzt. Immer mehr Führungskräfte aus dem oberen Mittelfeld lassen sich Zwischenzeugnisse ausstellen, bestehen auch bei persönlichen Coachings plötzlich auf Zertifikate, weiter oben in der Etage ist eine Teamleitung zur Konkurrenz gewechselt (und man vermutet, dass sie nun weitere Mitarbeiter/innen abwirbt).... Die Liste ließe sich beliebig fortsetzen und vermutlich wurde sie das in Ihrem Kopf bereits auch schon.

Gesetzesänderungen kündigen sich an, die Politik korrigiert ihre Entscheidungen, auf deren Grundlage Sie eine unternehmerische Planung vorgenommen haben. Beispielsweise aus dem Spätsommer im zweiten Pandemiejahr: die Regierung beschließt, die Kosten für die Schnelltests nicht mehr pauschal für einen großzügig kalkulierten Festpreis zu übernehmen. Das bedeutet für jemanden, der damit sein Geschäftsmodell begründet, vor allem Preisdruck durch Wettbewerb, sowie einen Rückgang bei den PCR-Tests, weil die Zahl der Geimpften täglich zunimmt. Alleine im ersten Jahr der Pandemie habe ich gut 2.000 Euro für beruflich bedingte PCR-Tests ausgeben müssen, um bei meinen Kunden in der Präsenzveranstaltung arbeiten zu können. Die Impfungen übernahm meine Krankenkasse, ich spare nun die Ausgaben für PCR-Tests. Andere Unternehmen hatten sich bei den Schnelltests dazu hinreißen lassen, ein Vielfaches der tatsächlich vorgenommenen Schnelltests abzurechnen. Spekuliert haben die Betreiber auf die Überlastung der Behörden und den schier unerschöpflichen Geldmitteln der Regierung. Übersehen haben sie dabei, dass sich Journalisten mit Klappstühlen auf den öffentlichen Grund gesetzt haben und im Schichtdienst mitgezählt haben, wie viele Menschen in ein solches Testzelt gehen, um diese Zahlen anschließend mit den gemeldeten Testzahlen abzugleichen Abweichungen können sich ergeben. Aber dafür waren die gemessenen Abweichungen zu groß – und vor allem stets zum Nachteil der Behörden. Wer auch nur einen Tag nach der ersten Veröffentlichung der Recherchen, an denen unter anderem die Süddeutsche Zeitung beteiligt war, mit dieser Praxis fortfährt, der ist schon prädestiniert dafür, in einer Krisenkommunikation zu scheitern.

Immer wieder erlebe ich, dass die Kommunikatoren eines Unternehmens durch die Anfrage eines Journalisten über Missstände im eigenen Unternehmen erfahren – um dann bei Nachfrage in der Geschäftsleitung zu hören, dass das Thema bereits seit Wochen/Monaten dort lebhaft diskutiert wird.

Neben Gerüchten sind es oft handfeste Meldungen und Nachrichten, die als Früherkennung von möglichen Krisen hilfreich sind. Wer grundsätzlich die Nachrichtenlage verfolgt, ist von den Grundvoraussetzungen her bereits gut aufgestellt. Viele Agenturen – darunter auch Nachrichtenagenturen – bieten branchenspezifische Nachrichtenübersichten an. Das hat noch einmal eine ganz andere Qualität wie die Newsletter, die Sie an jeder Ecke kostenlos abonnieren können. Und Sie ahnen es vermutlich bereits: Diesen Service lassen sich Nachrichtenagenturen natürlich bezahlen. Ein einfaches Beispiel aus dem Alltag: Wer in der Gastronomie- oder Veranstaltungsbranche arbeitet, dem helfen in der mittel- bis langfristigen Planung in Pandemiezeiten beispielsweise auch die Berichte über die Pläne und Absichten der Kommunal-, Landes- und Bundesregierung, wie man künftig mit Gegenmaßnahmen bei Covid19-Zahlen umgehen wird und vor allem: Welche Kennwerte dort entscheidend sein werden. Dementsprechend kann man als Unternehmer – aber auch als Angestellter in dieser Branche – eine gewisse Planungssicherheit erlangen.

Im Interview mit WDR5 hatte ein Gastronom eines großen Ausflugsziels aus dem Kölner Umland zahlreiche Wochen nach Pandemiebeginn inkl. hundertprozentiger Lockdown-Maßnahmen ernsthaft verkündet: „Wir treffen uns demnächst mit allen und dann hoffe ich mal, dass einer von uns eine Idee hat." Und: „Wir sind auf Facebook. Da ist auch die Seite von der DEHOGA und da lesen wir, was die so posten." – Bei einer solchen Arbeitgebereinstellung sucht man sich als Servicekraft besser heute schon einen neuen Job als erst morgen. Leider vermied die Moderatorin die Frage: „Was haben Sie denn dann die letzten sechs Wochen als Inhaber gemacht?"

Und auch wer mit seiner Stadt flussabwärts liegt, der sollte bei Hochwasser die Nachrichtenlage flussaufwärts verfolgen – das verschafft mehrere Stunden Handlungsspielraum. Auch bei entscheidungsschwachen Charakteren.

Kommt es im Unternehmen selbst zu widersprüchlichen Handlungen und Aussagen von Führungskräften, kann auch das Anzeichen für eine heranziehende Krise sein. Beispielsweise, wenn eine Planungsabteilung aufgefordert wird, „bis auf Weiteres" die Planung an einem Bauprojekt oder einer Reorganisation eines Bereiches einzustellen – man ihr aber auch auf mehrmalige Nachfrage keinen Wiederaufnahmetermin nennt. Die Tochterfirma Alpha wird aufgefordert, massiv Geld einzusparen, kurzfristige Gewinne zu erwirtschaften und langfristige Projekte hintenanzustellen? Steht dort vielleicht ein Verkauf an? Die Unternehmen aus der Gruppe sollen (möglichst optimistisch) kurzfristig und außerhalb der Reihe Revenue-Aussichten an die Zentrale melden? Die Steuerberater- und Anwalts-Kanzlei stellt eine exorbitant hohe Vorab-Rechnung für Beratungsdienstleistungen, die locker bis ins übernächste Quartal reicht? Diese Rechnung soll schnell bezahlt werden, während man die Gehälter innerhalb des Zahlungskorridors vom 27. des Monats auf den 3. des Folgemonats schiebt und Verbindlichkeiten vorerst unter einem fadenscheinigen Vorwand diesmal nicht bedient? Könnte eventuell zum nächsten 1. eine geordnete Insolvenz anstehen und man sichert sich bereits Leistungen ab, die unter einem Insolvenzverwalter nicht abrufbar wären?

Dies alles wären Vorboten zur Früherkennung späterer Krisen. Gewissermaßen die Stufe 1 der Krisendynamik. In diese Phase gehört jedoch noch ein anderer Faktor, der so gar nichts mehr mit Früherkennung einer Krise zu tun hat und der vor allem so richtig fett einschlägt: Der Aufmacher!

Wenn in den Unternehmen so gar nichts an Kommunikation und Früherkennung funktioniert hat, dann sind es die Medien, die für den Erstaufschlag in der Krise sorgen. Das führt vor allem dazu, dass man die ersten Stunden, Tage – und schlimmstenfalls auch Wochen – hinter der Krise herläuft. Das verbrennt enorm viele Ressourcen, Nerven und Geld. Oder hatte da nicht doch jemand die Anrufe eines Investigativteams eines großen Medienhauses übersehen, nicht ernst genommen oder gar barsch abgewiesen und sich nicht weiter darum gekümmert? Eine verpasste Früherkennung bedeutet nicht, dass es keine Chancen zur Früherkennung gegeben hat. Und wer als Landrat sich bei einer bevorstehenden Hochwasserlage, an der auch Noah gescheitert wäre, nur per Telefon informieren lässt und die Leitung des Krisenstabes jemand anderem überträgt – der darf sich dann auch nicht wundern, dass er von bestimmten Dingen, die seine persönliche Zukunft betreffen, erst durch eine Pressekonferenz der Staatsanwaltschaft erfährt.[64]

Phase 2: Die Krise geht in die heiße Phase

Wenn die reine Nachricht über den Eintritt der Krise die Medien einmal durchlaufen hat, sind es die Hintergründe, die eine eigene Dynamik entfachen. Wird hier vonseiten des Unternehmens nicht zeitnah nachgeliefert und analysiert, sind Spekulationen, die als „weitere Enthüllungen" die Runde machen, das nächste Problem. Während das Unternehmen in der Regel an Sachinformationen gebunden ist, können alle anderen, scheinbar Unbeteiligten, munter darauf los spekulieren. Ist das Unternehmen an der Börse notiert, gilt es auf der einen Seite wüsten, öffentlichen Spekulationen massiv etwas entgegenzusetzen – auf der anderen Seite drängen die Vorschriften für börsennotierte Unternehmen darauf, sehr schnell und sehr transparent zu kommunizieren. Dazu kommen noch die persönlichen Haftungsfragen des Managements. Auch wenn diese in der Regel über entsprechende Versicherung abgesichert sind – die Fälle Winterkorn und Co zeigen auch, dass derartige Versicherungen keine Flatrate für Vorsatz und grobe Fahrlässigkeit sind.[65]

Von den Spekulationen ist man auch nicht bei der Feuerwehr gefeit. Auch hier werden im O-Ton Lauge, Säure, giftige Flüssigkeit, unbekannte Substanz miteinander sprachlich munter vermischt, sodass es dem Chemiker die Haare zu Berge stehen lässt. Ganz heikel wird es, wenn die Polizei sich selbst noch vor Abschluss der Untersuchungen durch die Experten der Feuerwehr zu den Substanzen äußert, die sich über eine Fahrbahn ergießen oder in den kleinen Bach abgegeben werden. Darüber hinaus haben Medien es gerne einfach: Da, wo „Alpha Chemie" draufsteht, muss ja auch Alpha-Chemie drin sein. Dem ist aber nicht immer so. Beispielsweise wenn Unternehmen Omega von „Alpha Chemie" Ware kauft, die in Containern der „Alpha" ausgeliefert wird, die anschließend wieder zurückgehen. Beim Kauf geht dann beispielsweise das Transportrisiko unter Umständen auf den Käufer über, der den Transport auf eigenes Risiko durchführt. Durch eine Havarie, deren Ursprung zunächst noch unbekannt ist, steht nun ein Zug in einem Bahnhofsbereich, aus dem durch eine Leckage im Container der Umweltschutz neue Sensibilisierung in der Öffentlichkeit erfährt. Urheber ist der Besitzer des Containers, Inhaber der Substanz der Käufer. Unter Zeitdruck ist nur schwer eine klare Information zu erhalten.

Während also die Alpha AG und Omega GmbH sich noch um die Zuständigkeiten kümmern, abklären müssen, wer wann was gegenüber der Presse kommuniziert und parallel noch mit ihren jeweiligen Anwaltskanzleien konferieren müssen, sind Anwohner, Umweltschützer, eventuell sogar Vertreterinnen und Vertreter der politischen Institutionen, Polizei

64 Bei Redaktionsschluss hielten die Ermittlungen noch an, weshalb hier nicht näher darauf eingegangen wird.

65 Winterkorn und andere Manager zahlten VW 288 Millionen Euro Schadenersatz. Allein Winterkorn überwies über 11 Millionen Euro. Tagesschau vom 9.6.2021.

und Feuerwehr vollkommen frei in ihrer Kommunikation. Auf der Basis der dort verbreiteten Aussagen entsteht in der Öffentlichkeit ein Bild, das sich immer mehr in die Köpfe einbrennt, wie Zuckerkristalle in ein Ceranfeld. Dagegen kommt man im Nachhinein nur schwer an.

Medien setzen – je nach Größe der Krise, nach Schwere des Unglücks – zeitgleich an verschiedenen Punkten mit der Recherche an. Manchmal bilden sich – jenseits aller Verlagsvereinbarungen – auch Rechercheverbünde, die inoffiziell von den Journalisten vor Ort geschmiedet werden. Zuweilen auch zwischen konkurrierenden Medien. Jemand hat Fotos von der Unglückstelle, ein anderer hat die Handynummer von einem Augenzeugen? Es wird gegenseitig ausgetauscht. Das bedeutet: Der Augenzeuge ist bereits in mehreren Medien mit seiner Aussage vertreten und macht die Erfahrung, dass eine etwas plastischere Schilderung für eine größere Verbreitung sorgt, er dadurch interessanter wird. Manchmal verlangen solche Augenzeugen auch Geld, weil sie in schlechten Spielfilmen einmal gesehen haben, dass man damit ein wenig verdienen kann. In der Regel ist es die Hauslinie der Medien, derartigen Alltagszeugen kein Honorar zu zahlen. Was Journalistinnen und Journalisten vor Ort machen, wenn der persönliche Druck, eine Geschichte zu liefern, zu groß wird, steht auf einem anderen Blatt. Es ist jedenfalls meiner Erfahrung nach nicht die Regel.

Hier kommen auch gerne Ex-Mitarbeiterinnen und Ex-Mitarbeiter zu Wort. Sie gelten für Medien als neutral, weil sie nicht mehr auf der Payroll des Unternehmens stehen. Das kann Krisen zusätzlich befeuert, falls diese meinen, mit Ihnen noch eine Rechnung offen zu haben. Dazu kommt noch die Größe der Organisation, des Unternehmens, die dabei eine wesentliche Rolle spielt. Angesichts des ADAC-Skandals um manipulierte Abstimmungen rund um die Wahl zum „Auto des Jahres" und frisierten Reichweitenzahlen der ADAC-Motorwelt wurde offenbar vielen Journalisten erst in diesem Augenblick bewusst, dass der ADAC alles andere ist als ein kleiner, gemeinnütziger Verein zur Pannenhilfe. In einer derart großen Konzernstruktur gibt es zwangsläufig immer wieder unzufriedene Mitarbeiterinnen und Mitarbeiter. Und so war es auch nicht verwunderlich, dass zahlreiche neue Skandälchen und Skandale in diesem Sog mit ans Tageslicht kamen.[66]

In einem Fall von verbaler sexueller Belästigung innerhalb der Belegschaft, den ich für das Unternehmen aufarbeiten musste, dass sich von diesem Mitarbeiter deswegen getrennt hatte, tauchten plötzlich Dienstzeitverstöße an anderer Stelle auf. Hier hatte ein Mitarbeiter den Geschäftsführer um Doppelschichten gebeten, damit er beim Hausausbau sich etwas dazuverdienen konnte. Dort lebte man nach dem rheinischen Motto: „Man kennt sich – man hilft sich" und der Mitarbeiter bekam seine Doppelschichten. Offenbar war er nicht sehr dankbar, denn nachdem der Geschäftsführer wegen des anderen Falls in der öffentlichen Kritik stand, wurden ihm diese Dienstzeitverstöße anonymisiert öffentlich vorgeworfen. Hier konnte man hinter den Kulissen mit einem, nennen wir es mal: „Hintergrundgespräch" den Sachverhalt gegenüber dem Medium rasch aufklären und dieser Aspekt erblickte nie das Licht der Öffentlichkeit. Aber es kostet Zeit und verschlingt Ressourcen, die an anderer Stelle sinnvoller eingesetzt gewesen wären.

66 „Sohn einer Ex-Managerin flog mit Ambulanzjet in den Urlaub" – Tagesspiegel vom 29.1.2014.

Öffentlichkeit und Medien lieben diese Was-hätte-passieren-können-Szenarien. Und wenn man selbst nicht spekulieren möchte, dann nimmt man einen Experten dazu. Irgendwo findet sich immer jemand, der das für ein paar Minuten Medienpräsenz gerne übernimmt. Als Medienkonsumenten sollten Sie extrem aufmerksam sein, wenn solche Zitate eingeleitet werden mit Aussagen wie: „Wenn es zutreffen sollte, dass…", „Wenn man das jetzt mal zu Ende denkt…", „Es wäre natürlich Spekulation, aber wenn…" – für die Medien geben derartige Statements eine sichere Rückfalloption: Sie zitieren nur die Expertin oder den Experten, Umweltschützerin oder Umweltschützer. Damit sind sie von der Überprüfung der Fakten freigestellt: Sie zitieren nur die Quelle.

Bei Reportagen rund ums Tierwohl in Stallungen beispielsweise arbeiten Medien mit „zugespieltem Material". Dazu wird dann gerne eine Tierschutzaktion zitiert, die entweder offen als Schöpfer des Materials auftritt oder nur als kommentierende Einrichtung. So sind es nicht die Medien selbst, die sich des Hausfriedensbuchs, Einbruchs usw. schuldig machen, sondern die Aktivisten. Gewissermaßen in einem Prozess der Arbeitsteilung.

Mit einem Smartphone kann heutzutage jeder einigermaßen filmen und die Pandemie hat – mit all ihren Videointerviews, die per Skype, Zoom oder Teams geführt wurden – ihren wesentlichen Beitrag dazu geleistet, dass verwackelte Handyvideos auch bei Nicht-Katastrophen mediale Akzeptanz erfahren. Wie sonst kämen wir an bedrückendes Bildmaterial von Menschen auf der Flucht, ihren Schlauchbooten, wie sie sich an ein startendes US-Militärflugzeug klammern, auf der Hoffnung nach einem besseren Leben, um dann kurz nach dem Start auf demselben Video zu Tode zu stürzen? Journalisten haben keine Drehgenehmigung, um beispielsweise in einer Einrichtung für Geflüchtete Interviews zu drehen? Kein Problem, denn nach einem kurzen Briefing kann das jemand von den anderen Geflüchteten übernehmen. So kommen Medien zwar an das Material – aber es fehlt das Korrektiv, das eine Journalistin, ein Journalist nutzen kann, wenn auf bestimmte Antworten kritisch nachgefragt wird.

Exkurs: „Schlimmfinder"

In der Nachrichtenredaktion, in der ich fünf Jahre arbeitete, hatten wir umgangssprachlich den Begriff „Schlimmfinder" für jene Menschen, die dann den Geschichten eine eher emotionale Wendung gaben. In Nachrichtenredaktionen herrscht zuweilen eine für Außenstehende etwas rüde und zynische Ausdrucksweise, die jedoch dem Job geschuldet ist. Wenn Sie beispielsweise stundenlanges Videomaterial eines Massakers sichten müssen, um dann zu entscheiden, dass man nur 20 Prozent dieses Materials den Zuschauern zumuten kann (und das auch nur verpixelt), dann brauchen Sie ein Ventil. Da sind die „Schlimmfinder" eine harmlose Sache. Deren O-Töne sind austauschbar: „Ja, uns sagt ja wieder mal niemand etwas", „Wir sind hier ja stets die Dummen", „Auf uns Anwohner hört ja niemand da oben", „Immer auf die Alten und Schwachen" – und so weiter.

Wenn Sie genau hinhören, finden Sie manchmal auch ein solches Juwel: „Als ich der Organspende zugestimmt hatte, wusste ich ja nicht, dass man ihn dafür aufschneiden muss."[67]

67 O-Ton liegt mir aus gesendetem NDR-Material („Panorama") vor.

Wie kommt man an die Sachen in einem Koffer? In dem man ihn öffnet und dort hineingreift. Wie kommt man an eine Niere? – So schrecklich das Ereignis für die Betroffene auch sein mag, die einen geliebten Menschen verloren hat – ab einem gewissen Punkt greift auch die Verantwortung von Medien, solchen O-Tönen einen Sendeplatz zu geben. Besagte Organspende-Kritikerin ist des Öfteren im TV zu sehen. Ein führender Mediziner aus dem Bereich Organtransplantation sagte mir einmal dazu: „Wenn die im Fernsehen ist, sinkt bei uns die Bereitschaft zur Organspende. Das kostet jedes Mal ein paar Menschen das Leben."

Für uns Autoren war das in der Nachrichtenredaktion stets eine klar definierte Aufgabenstellung, wenn die CvDs[68] uns sagten: „Nimmst du den vom Unternehmen, einen Umweltschützer und drei oder vier Schlimmfinder". So haben Beiträge auch zu komplexen Themen eine klare Struktur.

Die Aussagen der Schlimmfinder finden in den Sozialen Medien weitere Verbreitung – und daraus machen Medien dann gerne wieder Nachrichten: „Das Netz diskutiert", „Immer mehr Menschen gehen öffentlich auf Distanz zu…"

Politisch gesehen war die Flut in NRW und Rheinland-Pfalz vor allem eine politische Krise für NRW-Ministerpräsident und Kanzlerkandidat Armin Laschet. Die Aussagen der Anwohnerinnen und Anwohner wären journalistisch gesehen schnell erzählt gewesen und wären – trotz unterschiedlicher Schicksale – untereinander austauschbar gewesen: Tote, Verletzte, zerstörtes Eigentum, Angst ums eigene Leben, Erleichterung, überlebt zu haben, Trauer, jemanden verloren zu haben, eventuell noch Schuldzuweisung an die Behörden oder politisch Verantwortliche, nicht rechtzeitig gewarnt und evakuiert zu haben. – Damit ist in wenigen Worten alles gesagt, was Anwohnerinnen und Anwohner der betroffenen Gebiete beizusteuern haben. Aber es sind Menschen wie Sie und ich. Und wenn Sie in Ihrem Haus einmal bei 3,20 Meter gedanklich eine Markierung anlegen und sich fragen, was hätten Sie mitgenommen, wenn Sie 20 Minuten Vorwarnzeit gehabt hätten – dann versteht man das Ausmaß der Katastrophe. Wir identifizieren uns mit diesen Menschen – und damit wird die Geschichte einer Flut emotional und nur wenn uns dieses Ereignis emotional berührt sind wir bereit zu helfen, zu spenden. Betrachten Sie die NRW-Landesregierung einmal als ein regional tätiges Unternehmen, mit einem Geschäftsführer Armin Laschet an der Spitze. Dessen Kunden sind nun allesamt aufgebracht und alle nicht Betroffenen sind emotional solidarisch. In einer derartigen Situation sagt der CEO dann solche Sätze wie: „Weil jetzt so ein Tag ist, ändert man nicht die Politik."[69] Damit überstrahlt er dann jede andere konstruktive Aussage zur Klimapolitik, internationalen Anstrengungen und einem NRW-Gesetz, das Land klimaneutral zu machen. Als Kommunikationsverantwortlicher weiß man nach einem Satz: „Weil jetzt so ein Tag ist, ändert man nicht die Politik", dass der mediale Hagelschauer nun die nächsten Tage von vorne ins Gesicht wehen wird.

68 Chef/in vom Dienst – leitende Redakteurin/Redakteur, in der Regel ein Wechseldienst.
69 Zitiert nach Tagesspiegel vom 16.7.2021.

Phase 3: Die Krise geht in die sachliche Phase

Die dritte Phase zeichnet sich dadurch aus, dass man der Berichterstattung anmerkt, dass das Unternehmen einen Fuß in die Tür bekommen hat. Es ist ihm zwischenzeitlich gelungen, Hintergrundgespräche mit Medien zu führen, es konnte erläutern, um welche Substanzen mit welcher toxischen Wirkung es sich handelt und hat auch öffentlich sein Bedauern zum Ausdruck gebracht. Die Abstimmung mit Behörden und Politik ist inzwischen erfolgt, die Belegschaft entsprechend informiert und Mailings an Kunden herausgegangen, oder man hat die Telefonhotline verstärkt.

Die Berichterstattung bleibt kritisch, wird aber inzwischen sachlicher. Es gibt Kommentare, die auf eine Versachlichung hinzielen. Sowohl von einzelnen Akteuren als auch von Medien, die eventuell sogar diese Sichtweisen in der Berichterstattung übernehmen. Kommunikationsberater haben im Hintergrund dem einen oder anderen Aspekt einen „Spin" verpasst. Medien berichten inzwischen auch über Randaspekte. Das bedeutet: Das Thema wird zwar warmgehalten dadurch – aber der ursprüngliche Fokus der Stories ist nicht mehr so konzentriert wie bisher. Die Berichterstattung ist in der Krise noch präsent – aber sie verliert an Druck. Aktuellere Meldungen verdrängen das eigene Thema. Erinnern Sie sich noch? Als die Ortskräfte aus Afghanistan noch lange nicht in Sicherheit waren und die ersten Anschläge am Flughafen von Kabul stattgefunden hatten, war das erste Top-Thema, das Afghanistan „von der Eins" verdrängte – der Bahnstreik! Klare Position der Medien. Obwohl Afghanistan weltpolitisch das wichtigere Thema ist, sind in Deutschland nun einmal mehr Menschen vom Bahnstreik betroffen als von der Situation am Flughafen Kabuls.

Die Ressourcen in den Unternehmen werden langsam wieder frei für die normalen, täglichen Aufgaben in der Kommunikation und in den Medien wird das Thema kaum noch fortgeschrieben.

Ist damit die Krise bewältigt? Auf keinen Fall. Denn später noch kommt Phase 4.

Phase 4: Die Krise zieht Bilanz

Eine Krise hat formale Aspekte, die einen Abschluss bedeuten können. Zuvor zieht die Krise jedoch noch einmal in der medialen Dynamik an. Beispielsweise dann, wenn ein Prozessauftakt zu vermelden ist, ein Urteil ergeht oder das Unternehmen selbst seinen Jahresabschlussbericht vorlegt oder sich außergerichtlich einigt. Produkte werden vom Markt genommen, Produkte werden modifiziert. PKW werden nachgebessert durch Rückrufaktionen. Viele PKW erfahren dies durch sogenannte „verdeckte Rückrufe". Bei diesen wird eine Korrektur (beispielsweise ein Software-Update) beim nächsten Inspektionsintervall in den Kfz-Werkstätten einfach mitgemacht, ohne dass der Kunde davon Kenntnis erlangt. Beim Einsturz des Kölner Stadtarchivs (zwei Tote, Baukonzern Bilfinger zahlte 200 Millionen Euro[70]) wurden zahlreiche historische Dokumente zum Teil unwiederbringlich zerstört. Als das Archiv nach zwölf Jahren wiedereröffnet wurde, waren natürlich die Hergänge aus

70 Ein Betrag, der von der Versicherung übernommen wurde. Der Vergleich erfolgte 11 Jahre nach dem Unglück. Insgesamt zahlten die Firmen eine Entschädigung von 600 Millionen Euro – bei von der Stadt Köln veranschlagter Schadenssumme von 1,3 Milliarden Euro.

dem damaligen Unglück – einschließlich aller beteiligten Unternehmen – wieder Gegenstand der aktuellen Berichterstattung. Kurz vor der Verjährung waren ein Bau-Überwacher und ein Oberbauleiter wegen fahrlässiger Tötung zu Bewährungsstrafen verurteilt worden.

Bei einem entsprechenden öffentlichkeitsrelevanten Ereignis endet die Phase 4 niemals, denn die Krise gehört nun zur DNA Ihres Unternehmens, Ihrer Organisation. Sie wird wieder in den Medien hochkochen, wenn sich ähnliche Ereignisse bei anderen Unternehmen und Organisationen zutragen. Sie und Ihr Krisenfall dienen dann als Referenz für die Bewertung der aktuellen Krise – oder als inhaltliche Bebilderung für die sogenannten B-Stücke[71] im Journalismus. Beim Einsturz der Eisporthalle in Bad Reichenhall wurde der Jahrestag in den Medien lange begleitet. Das Unglück ereignete sich am 2. Januar. Das Unglück geschah während der Öffnungszeiten: 15 Tote, darunter 12 Kinder und Jugendliche sowie 34 Verletzte. Der 2. Januar ist für die Medien eine sogenannte „nachrichtenarme Zeit", weil das politische Geschäft noch nicht angelaufen ist und deutschlandweit allgemeine Urlaubszeit herrscht. Darüber hinaus sind derartige Unfälle von bundesweiter Relevanz, weil überall Menschen Freizeiteinrichtungen aufsuchen – die potenzielle Gefahr betrifft uns somit allesamt. Oder journalistisch gesprochen: Ein sogenanntes 100-Prozent-Thema, was jeden Menschen interessiert. Gleichzusetzen mit einem Gasunglück in einem Wohnhaus, einem Zugunglück oder einem schweren Verkehrsunfall mit Toten.

Im Fall von Bad Reichenhall verlor die damals 5jährige Ricarda Schromm ihre Mutter. Für die Medien war Ricarda, ein ausgesprochen hübsches Kind, gewissermaßen der rote Faden für die Berichterstattung. Hier eine Auswahl: „Mama ist jetzt ein Weihnachtsengel"[72], „Ricarda trauert um ihre tote Mutter"[73], „Wer hat Schuld am Tod meiner Mutter?"[74]; „Ricarda tanzt ins Glück zurück"[75], „Das Unglück, das Bad Reichenhall für immer veränderte"[76]; „Ich habe ein Wunder erleben dürfen"[77]; „Ein Witwer gibt nicht auf"[78] (Ein Stück über Ricarda und ihren Vater). Auf der einen Seite werden die Toten nicht vergessen und es dient auch als Mahnung an die Betreiber derartiger Hallen (die Halle war wegen nicht geräumter Schneemassen auf dem Dach eingestürzt) – auf der anderen Seite kommt die Stadt von diesem Unglück niemals los. Im Falle von Ricarda ist es nicht unbedingt die Entscheidung der Medien, die Geschichte „personalisiert weiterzudrehen". Hier hängt – insbesondere, wenn es um die Persönlichkeitsrechte einer Minderjährigen geht – sehr viel vom trauernden Vater des Mädchens ab. Letztlich ist er es, der entscheidet, ob die Berichterstattung ihm und seiner Tochter bei der Trauerarbeit hilft, ob es bei Schadenersatzansprüchen ratsam ist und vor allem, was der ihn vertretende Rechtsbeistand empfiehlt. Menschen machen Medien schnell den Vorwurf, hier sensationsheischend zu arbeiten – insbesondere, wenn es sich dabei um die BILD handelt. Dabei wird oftmals verkannt, dass es hier vonseiten der Erziehungsberechtigten entsprechende Freigaben gegeben hat. Dass Medien diese Themen dankbar aufgreifen – wer kann es ihnen verdenken? Das Gesicht

71 A-Stück: „Flugzeug abgestürzt". B-Stück: „Die schlimmsten Flugunfälle der letzten 10 Jahre".
72 BILD im selben Jahr des Unglücks zu Weihnachten.
73 BILD gut eine Woche später.
74 STERN, 2 Jahre nach dem Unglück.
75 BILD, 3 Jahre nach dem Unglück.
76 WELT, 14 Jahre nach dem Unglück, Ricarda und ihr Vater werden im Fließtext erwähnt.
77 OVB-Heimatzeitung, 14 Jahre nach dem Unglück.
78 Abendzeitung, 8 Jahre nach dem Unglück.

eines kleinen, trauernden Mädchens berührt mehr als eine Tabelle mit den Todeszahlen der Opfer, oder eine Grafik, welche Leiche man wo in den Trümmern gefunden hat. Bedenken Sie diese Aspekte bitte auch bei Ihrer Medienkritik, die Sie in der Krise äußern.

Grundsätzlich: WÄHREND der Krise ist Medienschelte in der Regel fehl am Platze. Denn: Während die Krise noch nicht aufbereitet ist, entsteht dadurch eher ein Schulterschluss über die jeweiligen Verlagshäuser hinweg, was die Krise für Sie nur noch mehr anfachen dürfte.

Ein gutes Beispiel ist Gerhard Schröder, der als Bundeskanzler einmal von seinem Regierungssprecher verkünden ließ, dass er der BILD keine Interviews mehr geben würde. Nun braucht ein in Berlin gut vernetztes Medium wie die BILD keinen Kanzler, um aus Berlin zu berichten, denn diejenigen, die eine Geschichte verbreiten (journalistisch: „durchstechen") möchten, stehen bei der BILD Schlange. Aber die anderen Medien dachten sich natürlich zu Recht: „Heute die BILD, morgen vielleicht schon wir" – und zeigten sich solidarisch. Ich denke, ein Hagelschauer, der einem als Bundeskanzler von vorne ins Gesicht weht, ist angenehmer.

Denkanstöße

1. *Beachten Sie die Natur der Akteure, insbesondere die der Medien. Das „artgerechte Verhalten" von Wirtschaftsmedien ist ein anderes als das der Boulevardmedien oder der Lokalpresse.*
2. *Verlieren Sie den Wettbewerb nicht aus den Augen, der Ihnen Aufträge abwerben kann.*
3. *Nutzen Sie aus der Phase 3 die versachlichte Berichterstattung als Referenzpunkte für die weitere Kommunikation.*
4. *Und vor allem: Auch bei Hintergrundgesprächen lassen Sie nicht durchblicken, wie groß der persönliche Druck bei Ihnen ist. Je besonnener Sie nach außen wirken – desto glaubwürdiger Ihre Aussagen.*
5. *Leiten Sie destruktive Energie, die u.a. auch von Eigentümern im Ausland kommt, konsequent ab. Bedenken Sie, dass Sie mit Ihrem Standort nur ein kleines Fähnchen auf einer Weltkarte in der Konzernzentrale sind – hier vor Ort schaut man Ihnen aber in die Augen und konfrontiert Sie mit den Vorwürfen. Dementsprechend muss Ihre Strategie aufgebaut sein.*

1.6 Krise im Zeitstrahl Ihrer Reaktionszeiten

Phase 1: Alarm

Zeitfaktor: Sofort

Im Grunde genommen ist eine Krise nur ein schlecht gemanagter Umgang mit einem Missstand. – Oft richtig, aber nicht immer. Aber natürlich führt ein schlechtes Management, sowohl in der operativen wie auch der kommunikativen Seite, schneller in die tiefen Abgründe einer Krise als eine gute Arbeit. Anders verhält es sich mit dem Skandal, beziehungsweise der Skandalisierung eines Sachverhaltes – denn dieser erfolgt durch Zutun der Medien[79].

Deshalb analysieren Sie den Sachverhalt als ersten Punkt auf Ihrer Krisen-To-Do-Liste. Nicht jede Information ist direkt korrekt, wenn man sie als erstes erhält. Berücksichtigen Sie dabei bitte, dass beispielsweise während einer Havarie natürlich Informationen minütlich über den Haufen geworfen werden können, dass sich Ablauf des Hergangs und Ursachen ständig verändern können. In einer Krise, die beispielsweise durch das Management verursacht wurde, ist es hilfreich, bei der Unternehmenskommunikation sozusagen die Beichte abzulegen. Erwarten Sie von dort keine Absolution, aber es macht einen klaren Unterschied, ob die Verantwortlichen in der Kommunikation abschätzen können, was da noch auf sie zukommen könnte. Man ist dann in der Gegen-Kommunikation etwas präventiver, geht nicht ganz so forsch in die offensive Verteidigung (um dann am Ende als der Blamierte dazustehen), kann Risiken besser einschätzen und genau überlegen, bei welchem Medium man vielleicht noch einen alten Gefallen einfordert und welchen man sich für später aufhebt. Eventuell genügt ein derartig offen geführtes Gespräch auch schon für die einfache, unauffällige Schutzmaßnahme, personelle und fachliche Ressourcen bereitzustellen. Selbst, wenn man sie nicht nutzt. So kommt es bei mir zum Beispiel häufiger vor, dass man mir sagt: halten Sie sich um den 15. herum bitte mal vorher und nachher zwei Tage optional frei. Das bedeutet auf meiner Seite: Coachings werden unter Vorbehalt gestellt, ich plane keinen Urlaub in der Zeit und auch Theaterkarten werden mit der Option gekauft, dass jemand anderes eventuell die Karten übernehmen könnte. Was Aufwand und Vergütung betrifft, machen wir das nach dem „Rheinischen Kostenvoranschlag": „Da werden wir uns schon irgendwie einig". Denn Krisenzeiten sind keine guten Zeitpunkte, um über PO- oder SAP-Nummern zu diskutieren, Bestellprozesse formal einzuleiten oder drei Vergleichsangebote einzuholen. Kein Problem für gute Berater, denn Kunden merken sehr wohl, ob man ihre Notlage finanziell ausgenutzt hat – oder nicht. Im Schlechten – wie aber auch im Guten! – haben Kunden ein sehr gutes Gedächtnis.

Bei der Analyse des Sachverhaltes lege ich stets sehr großen Wert auf eine „Ent-Emotionalisierung" aller Vorgänge. Befinden wir uns kurz vor einem langen Wochenende? Ist die Geschäftsleitung im Urlaub segeln mit der Familie? All dies darf keine Rolle spielen bei der Bereitschaft, noch eine weitere Arbeitsstunde anzuhängen oder die Faktenrecherche den-

79 Vgl. Hans Mathias Kepplinger: „Die Mechanismen der Skandalisierung", Lau-Verlag, 2017, 244 Seiten, 26,90 Euro.

noch mit der gebotenen Gründlichkeit vorzunehmen. Krisen kommen selten arbeitnehmerfreundlich Mo-Fr zwischen 9 und 16 Uhr und lassen sich auch in diesem Zeitfenster entsprechend bearbeiten.

Auch bei persönlichen, moralischen Verfehlungen ist eine Ent-Emotionalisierung enorm wichtig. Ein Vorstand ist im Bordell erwischt worden? Und wenn schon: Was maßen wir uns an, über diesen Menschen moralisch zu urteilen? Auch in der Führungsspitze ist emotionale Einsamkeit vorhanden. Andere Menschen kompensieren Stress durch besondere Auslebung ihrer Sexualität.

Und hier der Allerweltshinweis: Vorausgesetzt es handelt sich um nichts Strafbares – wo ist dann das Problem? Es wird für Angehörige, insbesondere in der Regel die Lebenspartnerin, nicht unbedingt besser, wenn der Schuldige öffentlich gevierteilt wird. Sie steht automatisch als geprellte Ehefrau mit am Pranger. Von dem öffentlichen „Die Arme tut mir so leid" bis „Dann musste er sich woanders ja etwas holen, was er zu Hause nicht bekommen hat" ist zuweilen nur eine Zeptosekunde[80] vergangen. Der Fall um SM-Sex des FIA-Präsidenten Max Mosley ist ein gutes Beispiel dafür. Zunächst standen Vorwürfe im Raum, dass – weil auf einem kompromittierenden Video auch einige Brocken Deutsch zu hören waren – es sich um Nazi-Szenarien gehandelt habe. Gegen diese Veröffentlichungen hat die deutsche Anwältin von Mosley in der Bundesrepublik über 100 Unterlassungserklärungen durchgesetzt und die Ursprungsquelle, News Of The World, musste 75.000 Euro[81] Schadenersatz an Mosley zahlen und mit Google einigte er sich außergerichtlich – die Bilder sind in den Suchmaschinentreffern nicht mehr aufzufinden.

In einem anderen Fall, den ich auf den Tisch bekam, hatte eine Angestellte, die als zuverlässig galt und in der Buchhaltung gearbeitet hatte, sich über Jahre mehrere 100.000 Euro abgezweigt. Als der Fall aufflog, schien der Sachverhalt klar, aber erst nach einiger Zeit wurde auch intern im Unternehmen bekannt, dass die allleinerziehende Frau, deren biedere Fassade keinen Anlass zu irgendwelchen Verdachtsmomenten gegeben hatte, zu Hause mit einer heroinsüchtigen Tochter lebte und unter den desolatesten sozialen Bedingungen hauste, die Sie sich nicht wirklich vorstellen können. Auf den zweiten Blick sieht der Fall – zumindest was die Motivation für die Unterschlagungen betrifft – damit dann doch wieder etwas anders aus als auf den ersten Blick.

Als Kommunikationsverantwortlicher muss man beim Sachverhalt nüchtern herangehen: Sie haben nur einen Kommunikationsauftrag. Sonst nichts. Und der besteht aus Fakten sammeln, sortieren, analysieren, hinterfragen, neu bewerten, ergänzen, erweitern – und wieder von vorne.

Kommen wir nun vom Sachverhalt zu den Akteuren.

Natürlich ist eine bevorstehende Massenentlassung objektiv eine Krise des Unternehmens. Das bekommt man auch nicht durch Kommunikation wieder weg. Aber gute Kommunikation kann den Schaden mildern, den ein Unternehmen dadurch erleidet. Sie kann Druck aus der Belegschaft nehmen – und auch das eine oder andere Vorgehen von Gewerkschaften in einem ganz anderen Licht erscheinen lassen. Dabei ist die Haltung der Akteure ent-

80 Kleinste Zeiteinheit der Welt.

81 60.000 Pfund Sterling.

scheidend. So kann einem die Bahn bereits leidtun, sobald GDL[82]-Chef Claus Weselsky vor ein Mikrofon tritt. Zum Vergleich: Die EVG[83] vertritt 190.000 Mitglieder, die GDL lediglich 38.000. Also ein Fünftel. Oder anders herum betrachtet: Die EVG ist fünfmal so groß wie die GDL. Dennoch gelingt es Weselsky immer wieder, die öffentlichen Schlagzeilen und die öffentliche Diskussion zu bestimmen. Er muss laut sein – denn anders hat er keine Chance in seinem Marktsegment. Die kleinere GDL muss durch die Medienarbeit des Vorsitzenden zumindest den Eindruck erwecken, dass sie ein ernstzunehmender Player ist – das geht für Weselsky über die Dezibelwerte: Je lauter, desto relevanter. Wenn ich das als Unternehmen weiß, kann ich auch entsprechend reagieren. Die Bahn hat das beispielsweise auch einmal passabel gelöst, dass man ein paar Tage lang den Bahnvorstand (dem die Medien unabhängig davon, wer gerade das Unternehmen führt, das Wander-Synonym „Bahnchef" verpasst haben) aus den Medien herausnahm. Die Sprecher der Bahn sprachen stattdessen mit den Medien – während sich Weselsky weiterhin öffentlich abarbeitete. In der Analyse der Akteure gilt es nicht nur die Namen und Funktionen zu bestimmen, sondern auch ihre Motivation und ihre Natur zu analysieren. Bei Weselsky wäre das beispielsweise „konfrontativ", „laut", „medienfunktional"[84] und was seine eigene Gewerkschafts-Zukunft betrifft: „erfolgsverdammt".

Damit kann man in der Analyse schon ganz gut arbeiten.

Wichtig ist in der Krisenkommunikation, dass wir uns nicht von einem Wunschbild leiten lassen, wie die Welt unserer Ansicht nach sein sollte und wie die Medien gefälligst (sic!) zu berichten hätten. Sondern, dass wir einen realistischen Blick darauf haben, was machbar ist – und was höchstwahrscheinlich nicht. Das heißt nicht, dass man Dinge nicht versucht, die unwahrscheinlich, aber vom Ergebnis wünschenswert wären. Akteure aus dem eigenen Team, die Sätze sagen wie „Das haben wir so ja noch nie gemacht" oder „Ich weiß nicht. Das funktioniert sicher nicht." sind sofort auszutauschen, bzw. mit anderen Aufgaben zu betrauen. Kritisches Hinterfragen der eigenen Ideen und Vorgehensweisen ist dagegen ausdrücklich erwünscht – aber dann muss eine Begründung erfolgen.

Von Holger Schumacher, ehemaliger Stuntman von „Alarm für Cobra 11"[85], inzwischen Experte für Arbeitssicherheit und mein Partner für die Seminarreihe „Kommunikations-Stuntman"[86] habe ich gelernt, dass bei der Planung eines Stunts alle Menschen am Tisch gleichberechtigt sind. Auch der Praktikant am ersten Arbeitstag. Schumacher: „Der hat den Vorteil, dass er unerfahren ist und einen vollkommen unverbauten Blick auf die Planung hat. Hier müssen wir erfahrenen Stuntleute immer wieder erklären und begründen, warum wir etwas so machen, damit er es versteht. So hinterfragen wir automatisch auch unsere eigenen Gedanken und Absichten. Dadurch springt für den Erfolg des Projektes durchaus etwas heraus."

So müssen wir es auch in der Aufstellung des internen Kommunikations-Teams handhaben. Natürlich ist Krisenkommunikation kein basisdemokratischer Vorgang, wo eine Mehr-

82 Gewerkschaft der Lokführer.
83 Eisenbahn- und Verkehrsgewerkschaft.
84 Das heißt: Er funktioniert als polarisierender Akteur für die Strukturen der Berichterstattung.
85 Ehem. erfolgreiche Action-Serie bei RTL über eine Autobahnpolizei-Station. Der SPIEGEL bezeichnete diese Serie einmal sehr treffend als „Blechporno". Also ein Schlaraffenland für Stuntmen.
86 www.kommunikations-stuntman.de.

heit darüber entscheidet, welche nächsten Schritte einzuleiten sind. Oben muss es jemanden geben, die/der die letzten Entscheidungen trifft. Schnell und in Echtzeit. Mit klarem Kopf – aber auch klarer Delegierungs-Kompetenz. Kritische Stimmen müssen aber die Möglichkeit erhalten, sich äußern zu können. Wenn Sie diese in der Krise missachten, dann verschenken Sie das Potenzial eines internen Korrektivs, bevor Ihre Kommunikation in der Öffentlichkeit auf den Prüfstein gerät. Hier ist es oftmals eine schwierige Kunst, die Balance zwischen konstruktiven Zweifeln und einer Blockadehaltung zu erkennen. Bedenken Sie bitte: In einer Krisensituation sind die externen wie internen Akteure keineswegs frei von emotionaler Beeinflussung bei der Sichtweise auf Fakten.

Ein klassisches Krisenteam besteht neben der Leitung und den normalen Teammitgliedern auch aus Experten (beispielsweise aus der Produktion), Rechtsberatung (insbesondere dann unumgänglich, wenn Ihr Unternehmen an der Börse notiert ist) und allen weiteren, die sich als nützlich erweisen können. Ganz wichtig: Wenn Sie von einer PR-Agentur betreut werden, geben Sie rechtzeitig eine Warnmeldung heraus, selbst dann, wenn Sie die Krise mit Bordmitteln bekämpfen möchten. Der Hintergrund ist ganz einfach: Die Agentur kann beispielsweise schon Ressourcen optional freischaufeln, die Sie später bei Bedarf in Echtzeit sofort abrufen können. Beispielsweise für die Dokumentation. Auch für das eigene Team ist das eine wichtige Ressource, die Sicherheit schafft: Allein zu wissen, dass man im Notfall eine Übergabe an weitere, eingespielte Kräfte machen kann, führt schon zu weniger Stress – selbst dann, wenn man bereits unter Vollauslastung arbeitet.

Natürlich ist in der Hochphase einer Krise keine Zeit für persönliche Befindlichkeiten. Da muss auch einmal schnell und ggf. etwas hart kommuniziert werden. Das, was man im allgemeinen Sprachgebrauch „Küchenruf" oder „Küchenansage" nennt.[87] Mitarbeiterinnen und Mitarbeiter müssen in der Krise optimal unter funktionalen Gesichtspunkten eingesetzt werden. Wer dann bei ständig klingelnden Telefonen in lauter Arbeitsumgebung die Nerven verliert, wenn er die Interviewwünsche von Medien in eine vernünftige Struktur packen muss, der muss ersetzt werden. Argumente wie: „Er ist aber doch schon so lange bei uns" sind in diesen Zeiten fehl am Platze. Wohlgemerkt: Sie sollen den Mitarbeiter nicht feuern – aber Sie stehen in der Verantwortung, ihn zum doppelten Schutz (fürs Unternehmen und für ihn selbst) aus der Flugbahn der Presse-Schrapnelle zu nehmen.

Natürlich geht es nicht bei jeder Krise 24 Stunden am Tag zu, wie man es in US-Katastrophenfilmen gezeigt bekommt. Manches ist durchaus in einem normalen Arbeitstag zu bewältigen. Als ich selbst einmal Zentralfigur eines Shitstorms wurde (zum einen wegen meines – juristisch korrekten – Handelns auf einer HV und zum anderen wegen eines vor Fehlern nur so strotzenden Artikels eines Journalisten),[88] wurde in verschiedenen Foren über mich kritisch geschrieben. Ich habe mich dann in einem der Foren angemeldet, Rücksprache mit den Admins gehalten, dass dies der offizielle Tom-Buschardt-Nickname ist und habe die Kommunikation auch zeitlich etwas steuern können: Klar kommuniziert, dass ich bis abends in einem Kundentermin bin und mich danach wieder weiteren Fragen und Vor-

87 Zur Veranschaulichung: Stellen Sie sich eine Großküche vor, in der 40 verschiedene Essen zeitgleich fertiggestellt werden müssen – und wie es dort in der Kommunikation zugeht. Dann ist die „Küchenansage" wie von selbst erklärt.

88 Bei Google weiter hinten…

würfen stelle. Es hat nicht lange gedauert, da postete ein User sinngemäß: „Vorsicht Leute, der ist Kommunikationsberater. Der kann das später als Referenz nutzen." So weit bin ich dann doch nicht gegangen, aber ich weiß, was ich meinen Klienten zumute, wenn ich Ihnen sage: „Da schauen Sie jetzt mal bis 18 Uhr nicht ins Forum" oder „Dieses Posting lassen Sie unbeantwortet, weil es sonst wieder Dynamik entfaltet" und vieles mehr. Zum Glück ist es mir erspart geblieben, Morddrohungen zu erhalten, die inzwischen inflationär Verbreitung erhalten. Aber Postings mit Links zu Waffengeschäften oder Schlagstöcken heben auch meine Stimmung nicht unbedingt fürs Wochenende.[89]

In einem von der Sache her eigentlich banalen Fall mit einem deutschen Manager im Ausland nahmen die Beschimpfungen und Drohungen so sehr zu, dass mir ein informeller Kontakt aus einem Bundesministerium, den ich um eine zweite Meinung gebeten hatte und der mit derartigen Vorgängen vertraut war, den Rat gab: „Sofort nach Deutschland holen und bis zum Abflug unter Personenschutz stellen." In solchen Fällen gehen die Akteure nicht um 17 Uhr ins Wochenende, denn dort in der Ferne, einige tausend Kilometer entfernt, sitzt schließlich auch ein Akteur des eigenen Unternehmens, der das Bedürfnis hat, sich in den Sozialen Medien zu wehren, weil er seinen Ruf ramponiert sieht, weil er seine Familie verteidigen möchte und weil man Beleidigungen gerne etwas entgegensetzen will.

Diese Faktoren sind ebenfalls zu berücksichtigen, denn aus dem Konferenzraum, in dem das Krisenteam sich soeben mit kühlem Kopf eine Strategie zurechtlegt, sieht diese Entwicklung ganz anders aus. Und vor allem: Es FÜHLT sich ganz anders an.

Halten Sie stets auch einmal inne und denken darüber nach, wie sich das gerade für die Betroffenen (ob schuldig oder unschuldig) anfühlt.

Neben den Akteuren sind die Themen entsprechend schnell in der ersten Phase herauszufiltern und vor allem auch zu analysieren, die in den nächsten Tagen die Schlagzeilen beherrschen werden. So können überregionale Begleitumstände sowohl die eigene Krise verstärken – als auch abmildern. Die Politik versteckt gerne unpopuläre Entscheidungen und Abstimmungen zwischen den großen anderen Themen, die die Schlagzeilen beherrschen. In den USA nennt man dies „Friday News Dump", wo politische Entscheidungen gerne versteckt werden. Sie sind dann zwar samstags in den Medien vertreten, aber da sind die US-Amerikaner eher auf Freizeit eingestimmt als auf die Nachrichtenaufnahme. Bei uns in Deutschland ist das nicht so ausgeprägt, aber verfolgen Sie die Abstimmungen im Bundestag einmal an den Tagen, wo während einer EM oder WM die deutsche Nationalmannschaft ein wichtiges Spiel hat. Putin eröffnete den Tschetschenienkrieg am Tag der Eröffnung der Olympischen Spiele. Im Umfeld von Wahlen sind Politiker sowohl empfänglich für bestimmte Themen – sie gelten aber auch als übersensibel. Sie haben eine Havarie im Wahlkreis einer bekannten Umweltpolitikerin, sie sich sechs Wochen vor dem Wahltermin befindet? Herzlichen Glückwunsch. Dann setzen Sie sich um 23 Uhr noch einmal eine frische Kanne Kaffee auf, denn Sie werden reichlich zu tun haben. In der PR nutzt man eine bestimmte Nachrichten- beziehungsweise Themenlage grundsätzlich zur Platzierung der eigenen Botschaften aus: Beispielsweise PKW-Inspektionstipps unmittelbar vor der Ur-

89 Diese Postings wurden von den Admins ohne meine Aufforderung gelöscht. Aber ich erhielt natürlich Kenntnis darüber.

laubszeit, ebenso wie Reisegepäck-Versicherungsthemen. Sicherheitshinweise zum Baden in öffentlichen Gewässern ergeben nun einmal im Januar relativ wenig Sinn. Beachten Sie, dass diese Mechanismen sich in einer Krise gegen Sie wenden können und die Arbeit erschweren. Dann geht es nämlich nicht mehr um Service-Themen, sondern inwiefern beispielsweise auf Ihrer Krise ein stärkerer Fokus liegt, weil andere Begleitthemen ein entsprechendes Umfeld schaffen, in dem Ihre Krise wächst und gedeiht.

Innerhalb Ihres Teams muss absolute Offenheit herrschen – zumindest jedoch auf der Leitungsebene, damit die Leitung der Kommunikation die richtigen, strategischen Vorschläge unterbreiten und entsprechende Entscheidungen treffen kann. Deshalb ist eine Risikoeinschätzung unerlässlich. Sofern ich in meinen Krisencoachings eine gemischte Kleingruppe aus Kommunikation und Geschäftsleitung vorfinde, lege ich stets eine Übung so an, dass die Krise selbst für das Management mit wenigen schnellen Entscheidungen vom Tisch ist – die Tücke liegt dann in der medialen Wahrnehmung und den kommunikativen Folgen für das Unternehmen. Gelingt es der Kommunikation, die in der Regel nicht Mitglied der Geschäftsleitung ist, sich durchzusetzen gegen die Geschäftsleitung? Hier liegt oftmals der Knackpunkt, wenn nicht allein Zahlen, Daten und Fakten die entscheidenden Faktoren sind, sondern die Wahrnehmung in der Öffentlichkeit. Das heißt nicht, dass man sich als Unternehmen nach jedem Windlein neu ausrichten sollte. Keineswegs. Auch in der Kommunikation kommt der Augenblick, an dem man sagen muss: Wir weichen hier jetzt nicht mehr zurück und nehmen dann eine negative Presse für einen bestimmten Zeitpunkt auch einmal hin.

Hier liegt, meiner Ansicht nach, der Knackpunkt für Erfolg und Misserfolg der Krisenkommunikation:

Was können die schon groß, von der PR-Abteilung?

Lesen. Schreiben. Denken. Sprechen.

Und was macht das Management den ganzen Tag?

Lesen. Schreiben. Denken. Sprechen.

Nur mit dem feinen Unterschied, dass die von der Kommunikation mit einer anderen Ausrichtung lesen, schreiben, denken und sprechen. Und dies stets mit dem Fokus, Schaden vom Unternehmen abzuwenden, der bei den Medien entstehen könnte. Das ist ein wesentlicher Punkt, denn oftmals erkennt das Management gar nicht, welche enormen Potenziale es in den eigenen Reihen hat. Nur ein paar Büros weiter den Flur herunter, stets einsatz- und griffbereit wie der Autoschlüssel.

Analysieren Sie, welche Themen und Aspekte Ihre Krise begleiten könnten. Sprechen Sie das Undenkbare aus. Selbst, wenn Sie es anschließend verwerfen, haben Sie die Gewissheit, es bedacht und behandelt zu haben. Bringen Sie in Ihre Überlegungen auch mit ein, wie sich persönliche Befindlichkeiten der im Unternehmen Betroffenen entwickeln könnten. Hier ein paar Anregungen: Bricht für jemanden gerade sein Lebenswerk zusammen? Welche Rolle spielt die Familie, welche Rolle Status und öffentliches Ansehen? Gibt es bereits andere Akteure, die – in Unkenntnis der vollumfänglichen Faktenlage – bereits öffentlich auf Distanz gehen? Welche Rolle spielen Tochterfirmen, der Konzernverbund? Welche

Sichtweise hat die Konzernzentrale in Übersee? Welchen Druck haben wir jetzt an der Börse?

Zur Risikoschätzung gehört unter Umständen auch die Tatsache, dass überregionale Medien gerne den Kontakt zu Lokalmedien suchen, um Termine kurzfristig zu besetzen. So kann dann unter Umständen auch ein „Kleindorfhausener Kreisbote" zum wesentlichen Informationsstrang eines Leitmediums werden. Meist nur vorübergehend, bis die Zentralredaktion selbst übernehmen kann und jemanden in die Region schickt – aber bis dahin ist der Tenor der Berichterstattung bereits vorgegeben.

Ein von meiner PR-Agentur damals betreutes Unternehmen hatte zuvor einen Lokaljournalisten eines Anzeigenblättchens sträflich vernachlässigt. Als es um ein Investment von mehreren hundert Millionen Euro in ein Bauprojekt ging, schaute ein bundesweit bedeutsames Leitmedium offenbar zunächst auf die Lokalberichterstattung: Drei Medien berichteten im Sinne des Unternehmens, eins (besagtes Anzeigenblättchen) schrieb dagegen an. Wer war wohl besonders interessant für das bundesweite Leitmedium? Eben. Und für den Kollegen des geächteten Blättchens ging ein Lebenstraum in Erfüllung: Er durfte endlich einmal für ein „richtiges" Medium arbeiten. Er wurde zwar nicht namentlich unter den Artikeln genannt – aber der Tenor trug ganz klar seine Handschrift.

Unverzichtbar, ab Stunde Null in der Krise: Das Screening von Medien und entsprechenden Multimediakanälen, in denen sich Ihre Kunden aufhalten und austauschen. Hier müssen Sie nicht auf der Leitungsebene arbeiten – das können auch Praktikanten machen, die in der Lage sind, mehr als eine Suchmaschine zu bedienen, Links zu speichern und – ganz besonders wichtig: Webseiten als PDFs bzw. Screenshots zu sichern. Medien aktualisieren den Content mehrmals täglich – auch unter demselben Link. Wenn Sie nun lediglich eine Linksammlung anlegen, wird unter Umständen die kommunikative und juristische Aufarbeitung der Krise im Nachgang enorm arbeitsintensiv. Vertrauen Sie in der Krise bitte nicht dem beliebten Google-News-Alert. Dieser kommt zuweilen erst einige Tage später in Ihr Mailfach. Er sollte in der Krise nur dann genutzt werden, wenn Sie einen Abgleich mit den eigenen Rechercheergebnissen haben möchten, da Sie während der Krise in der Regel schnell reagieren müssen auf Veröffentlichungen. Im Zweifel setzen Sie auf entsprechende Spezialdienstleister, die diese Tätigkeiten für Sie übernehmen können. Dort haben Sie auch keinerlei Probleme mit Lizenzfragen, Urheberrechtsabgaben und all den anderen Begleitfaktoren, die in der tagesaktuellen Krisenlage oft vernachlässigt werden und die uns dann erst später wieder einholen.

Phase 2: Aktion

Zeitfaktor: Wenige Stunden

Das Krisenteam wird in dieser Phase von dem zuvor klar definierten Kern (beispielsweise Geschäftsleitung, Leitung der Kommunikation und Assistenz sowie Rechtsberatung) bedarfsgerecht erweitert: Benötigen wir für die interne wie externe Aufarbeitung Chemiker, Ingenieure, Statiker? Oder bei Unglücken in der Personentransportbranche beispielsweise einen Triebwagenführer[90], jemanden aus dem Stellwerk oder eine Pilotin? Benötigen wir jemanden, der die Zustände und Arbeitsabläufe im Schlachthof genauer kennt oder vielleicht jemanden, der früher schon einmal als Entwicklungshelfer eine Krisenregion bereist hat? Haben wir einen Arzt an der Hand, der uns die Versorgung mit Blutplasma noch einmal in der Praxis genauer erläutert? Das heißt nicht, dass diese Menschen nun für das Unternehmen extern kommunizieren sollen, aber sie können jemanden aus dem Bereich der Unternehmenskommunikation mit wichtigen Hintergrundinformationen oder Einschätzungen zum Sachverhalt gut beraten und dadurch Fehler verhindern und den Kommunikatoren mehr Sicherheit und Stabilität in der Arbeit geben. Halten Sie das Krisenteam dennoch so klein wie möglich – denn so bleiben Sie flexibel und schlagkräftig. Agieren Sie flexibel: Wenn Menschen aus dem Team überfordert sind, tauschen Sie sie aus. Wohlgemerkt: Nicht entlassen, sondern nur für das Team austauschen.

Eine Strategie benötigen Sie selbstverständlich ebenfalls sofort. Sonst werden Sie – so nennt man es im Fußball – niemals hinter den Ball kommen, um ihn führen zu können. Sie würden stets reaktiv sein und hangeln sich dann von einer Aktion zur nächsten. Die Strategie ist nichts, worüber man sich erstmals in der Krise Gedanken machen muss. Flugzeuge sind schön früher abgestürzt, einen Brand in einer Chemieanlage gab es auch schon einmal und korrupte Mitarbeiter sind leider auch keine Seltenheit. Man kann für unterschiedliche Szenarien folglich entsprechende Strategien vorbereiten, die natürlich nach aktuellem Verlauf entsprechend modifiziert werden müssen. Es ist jedoch in der Krise deutlich einfacher, eine bereits erstellte Strategie zu modifizieren, als bei null anzusetzen.

Ein Unternehmen aus der regionalen Gasversorgung hatte zunächst, gewachsen aus der Historie des Unternehmens, auf die ich hier nicht näher eingehen kann, bei jedem kleineren oder größeren Gasunfall die Kommunikation neu anlaufen lassen. Das Schlagwort, welches ich dort lernte, war „Baggerangriff". Ein Alltags-Klassiker: Bauunternehmen schaut nicht richtig in die Pläne oder arbeitet nach dem Motto: „Wird schon passen" und beschädigt eine Leitung. Es kommt zur Versorgungsunterbrechung.

Das Unternehmen war leider an diesem Punkt ebenfalls dezentral organisiert und den Mitarbeitern vor Ort stand angesichts einer derartigen Störung nicht der Sinn nach Pressemitteilungen, sondern eher nach Behebung der Störung. Bis später die Unternehmenskommunikation aus der Zentrale übernehmen konnte, hatten erboste Anwohner gewissermaßen die Kommunikation in Eigenregie übernommen („Uns sagt ja wieder mal keiner etwas", „Bei uns im Kinderzimmer geht die Heizung nicht mehr" usw.). Oder das Bauunternehmen hatte in gewohnter Manier nach dem Motto: „Wer zuerst etwas sagt, bestimmt die Richtung" bereits gestreut, dass man von der Stadt fehlerhafte Pläne erhalten habe. Das sind diese Momente, wo Sie zum Spielball in einer lokalen Krisenkommunikation werden.

Schauen wir uns diese Gasunfälle in einem Segment dieser Zusammenarbeit einmal genauer an: „Bagger trifft Leitung" ist in Bezirk A das gleiche Ereignis wie in Bezirk B. Allerdings gibt es Unterschiede in der Kaskadierung. Und genau hier haben wir angesetzt:

90 Umgangssprachlich auch Lokführer.

A. Versorgungsunterbrechung wenige Stunden, Sommer/Heizperiode[91]

B. Versorgungsunterbrechung von einem Tag

C. Versorgungsunterbrechung mehrere Tage.

Dann geht es weiter mit Personenschäden:

1. Leichter Personenschaden, Bauarbeiter (= potenzieller Verursacher, von Medien wird dies als weniger relevant eingeschätzt)
2. Leichter Personenschaden, Anwohner (= Opfer, erhöhte Medienaufmerksamkeit)
   - Kind betroffen (sofort Geschäftsleitungsthema)
3. Personenschaden mit einem oder mehreren ernsthaft Verletzten (Hier keine Unterscheidung mehr zwischen Anwohnern und Bauarbeitern)
   - Bei Kindern wieder erhöhte Einsatzbereitschaft der Geschäftsleitung
4. Personenschaden mit Todesfolge
   - Bei betroffenem Kind müssen Sie davon ausgehen, dass die Meldung weltweit laufen kann. Beispiele dafür gibt es zuhauf.

Bei einer Explosion im Wohnbereich dagegen wird weiter unterschieden in Verdachtsmoment auf Suizid oder Manipulation an der Gasleitung durch Mieter oder Eigentümer. Dabei sind vor allem die internen Anhaltspunkte des Gasversorgers wichtig: Gab es beispielsweise in der Vergangenheit in dem Gebäudekomplex bereits erste Sperrungen der Gasversorgung wegen unbezahlter Rechnungen? Hat ein Mieter bereits früher im Gespräch mit Suizid gedroht, wenn man ihm „den Hahn abdrehen würde" und ähnliches. Wenn das Unternehmen derartige Fakten intern prüft, muss die Kommunikationsabteilung darüber informiert werden. Das bedeutet natürlich nicht, dass diese Anhaltspunkte sofort an die Medien weitergegeben werden. Aber sie dienen als Hintergrund der Einschätzung über die Gesamtlage.

Das sind jetzt nicht alle Fälle, die wir in dieser Zusammenarbeit analysiert und sortiert haben, aber es soll hier als Beispiel einer Mechanik dienen. Diese Struktur wurde in eine Tabelle übertragen und hinter die jeweiligen Eskalationsstufen – wie bei einem klassischen Entscheidungsbaum – wurden u.a. vorformulierte Presseinformationen hinterlegt. Diese Presseinformationen enthielten sogar fertige Zitate, zu denen die lokalen Mitarbeiter nur noch ihren Namen ergänzen mussten und die betroffenen Straßennamen, Bezirke, sowie voraussichtliche Dauer der Unterbrechung eintragen mussten. Das ist alles andere als unseriös. Die Aussage „Wir werden alles daransetzen, die Störung so schnell wie möglich zu beheben" oder „Wir bedauern natürlich die Unannehmlichkeiten..." sind doch ohnehin in jeder professionellen Kommunikation zu solchen Anlässen enthalten. Für die Mitarbeiter gab es dadurch Sicherheit, weil sie wussten: Diese Zitate sind auch von der Rechtsabteilung gecheckt – hier kann ich erst einmal nichts falsch machen. Und alles andere? Kein Problem. Dazu lernt die gesamte Belegschaft einen Satz auswendig: „Für weitere Fragen wenden

91 Logischerweise ein enormer Eskalationsfaktor. Wenn im Hochsommer von 14 bis 16 Uhr kein warmes Wasser zur Verfügung steht, ist das natürlich keine große Sache.

Sie sich bitte an die Unternehmenskommunikation" – und die dreistellige Durchwahl der Abteilung. Fertig.

Aufgrund anderer Coachingaufträge in diesem Unternehmen verlor ich diese Projektarbeit im Laufe der folgenden Jahre etwas aus den Augen. Die Kommunikation im Unternehmen lief. Als dann nach vielen Jahren dort die Ansprechpartner wechselten, bat man mich erneut zum Termin. „Kann ich denn mal die Unterlagen sehen, die Sie für solche Fälle nutzen?" Kein Problem. Nur, dass die mir nach kurzer Lektüre ziemlich bekannt vorkamen. Es waren meine Dokumente, die ich vor Jahren erstellt hatte. Wir haben diese komplett auf links gekrempelt und darauf überprüft, was man ersetzen musste und nicht wirklich etwas gefunden. Nur einige Formulierungen haben wir etwas moderner formuliert – da Sprache sich weiterentwickelt. Das Verhalten von Bauarbeitern bei „Bagger trifft Leitung" nicht.

Dies ist ein gutes Beispiel dafür, dass man Strategien – wie wir mit einem Ereignis umgehen sollten – durchaus schon vorbereitend entwickeln kann. Wichtig ist nur, dass man diese Strategien anpasst. Bei einem Anschlagszenario kann man sich nicht auf den Standpunkt stellen: Leitungsunterbrechung ist Leitungsunterbrechung. Ob das jetzt ein Bagger oder ein Terrorist war – was macht das schon für die Heizungsversorgung? – Deshalb sind diese PR- und Kommunikations-Konstrukte in Wirklichkeit auch deutlich verästelter, als ich dies in der Kürze des Beispiels zeigen konnte.

In jedem Unternehmen gibt es Dokumente, die mit FAQ[92] oder Q&A[93] betitelt sind. Manche Kommunikationsabteilungen haben noch ein Sonder-Dokument mit NQ[94], das nur zu bestimmten Anlässen angelegt wird. Grundsätzlich sind diese Dokumente gut und hilfreich – wenn man sie denn übersichtlich nach Themen geordnet hat und vor allem: Auf dem neuesten Stand hält. Wohlgemerkt: Diese Dokumente kann man unter Zeitdruck einer Krise gut erweitern – aber man kann nicht wirklich damit beginnen, derartige Dokumente erst einmal zu erstellen, mit den Vorstandsmitgliedern und der Rechtsabteilung abstimmen, um sie dann als Grundlage für eine Kommunikationsstrategie zu nehmen. Formulieren Sie diese Antworten übrigens stets so (und ohne entsprechende abwertende Kommentierungen zu einzelnen Medien oder Journalisten), dass diese Dokumente nicht eine weitere Krise hervorrufen, sollten sie einmal geleakt werden.

Darüber hinaus gilt es, die entsprechenden Kernbotschaften zu identifizieren. Halten Sie hier ruhig das Spannungsfeld aus, welches zwischen Vorstand und Kommunikation in der Regel entsteht: Dass Vorstände gerne hohe – und zuweilen auch zu hohe – Anforderungen an die Kommunikation stellen, ist vollkommen normal. Hier muss man klar abwägen: Was sind Wünsche und was sind realistisch erreichbare Ziele in der Kommunikation? Oftmals werden die Mitarbeiterinnen und Mitarbeiter in den Kommunikationsabteilungen für die Formulierungen der Presse in die Haftung genommen. Das ist unseriös. Lediglich der Tenor der Berichterstattung ist beeinflussbar – und das braucht seine Zeit.

Branchen und Unternehmen, die im Havariefall auch Katastrophen auslösen können, verfügen in der Regel über sogenannte Darksites. Das ist im Grunde genommen ein Internetauftritt im Internetauftritt, der im Falle eine Krise vor die eigentliche Webseite geschaltet

92 Frequently Asked Questions.
93 Questions and Answers.
94 Nasty Questions.

wird: Ansprechpartner für Angehörige, Anwohner, Presse. Darüber hinaus mehrmals täglich aktualisierte Informationen über den Verlauf der Krise. Unternehmen, die derartige Informationen hinter einem Reiter „Aktuelles" oder „News" verstecken, geraten in der Krisenzeit schnell ins Hintertreffen, wenn sich auf einmal eine breitere Öffentlichkeit, oder deutlich mehr Medien als sonst, für das eigene Unternehmen interessieren. Fluggesellschaften machen dies beispielsweise, aber auch Chemieunternehmen. Zuweilen ist eine ausgewählte Personengruppe im Unternehmen in der Lage, per Smartphone und einer PIN diese vorbereiteten Darksites online zu stellen und sogar per Smartphone in ein abgespecktes Content-Management-System (CMS) aktuelle Inhalte einzupflegen. Diese Systeme sind durchaus teuer. Wer als mittelständisches Unternehmen Gartenstühle herstellt oder Blumentöpfe mit geflochtenem Bambus-Überzug, muss wohl kaum derartige Systeme vorhalten. Aber es sollte auch nicht der Fall eintreten, den ich leider einmal begleiten durfte, dass man an einem Wochenende nicht an das CMS der Firmenwebseite herankam, weil der 16jährige Sohn des Inhabers das Passwort hatte und mit Freunden übers Wochenende zelten war.

Vertrauen Sie nicht darauf, dass Sie sich die nächsten zehn Arbeitsschritte und Rückrufe merken können. Führen Sie konkrete To-Do-Listen, die Sie abhaken können. Löschen Sie die erledigten Punkte nicht, sodass man unter Umständen später noch einmal nachvollziehen kann, wann welche Entscheidungen im Unternehmen getroffen wurden.

Phase 3: Intervention

Zeitfaktor: Wenige Stunden bis Monate

Die Intervention bei Medien und anderen Akteuren der Krise erfordert maximalen Arbeitseinsatz. Ein versäumter Rückruf bei einem Medium kann fatale Folgen haben. Hier muss klar aufgeteilt werden: Wer betreut die A-Kontakte und wer die übrigen? Gibt es Medien, die gemeinsam recherchieren, sich gegenseitig weiterhelfen und damit auch den Verlauf der Krise zumindest in der medialen Begleitung entsprechend verschärfen? Machen Sie sich bitte bewusst, dass innerhalb der ARD vonseiten der einzelnen Sender gegenseitig Produktionshilfen gewährt werden. „ARD" bedeutet nicht „Das Erste", sondern „Arbeitsgemeinschaft der Rundfunkanstalten Deutschlands". Damit ist die Arbeitsweise bereits sehr genau umrissen: Man hilft sich gegenseitig. Deshalb ist der NDR auch in der Lage, innerhalb kürzester Zeit in München ein TV-Team mit Reporterin vor eine Konzerntochter zu bekommen – weil er auf die Ressourcen des Bayerischen Rundfunks zurückgreifen kann. Bei den Privaten ist es nicht anders. Nicht nur dort, wo RTL draufsteht, ist RTL drin. So gehören beispielsweise auch VOX und n-tv zur RTL-Gruppe, zur ProSieben-Gruppe gehört auch Sat.1 oder Kabel Eins. Während der Corona-Pandemie kam es gewissermaßen zu systemübergreifenden Kooperationen. Da die Zahl der Sender und Journalisten bei Pressekonferenzen beispielsweise mit Hinweis auf die Pandemievorschriften reduziert wurde, haben beispielsweise auch ARD-Sender für die Privaten Fragen mitgestellt, die Privaten wiederum ARD-Sender mit Bildmaterial versorgt und umgekehrt.[95]

95 Quelle ist hier meine Blockwoche „Medien und Medienakteure in Pandemiezeiten", Hochschule Osnabrück, Wintersemester 2020.

Auch wenn die Medien sicher in der Phase der Intervention den Hauptfokus Ihrer Aufmerksamkeit verdienen, so haben Sie dennoch verschiedene Öffentlichkeiten direkt zu bedienen. Das geschieht bei Kunden von Konsumgütern in der Regel über die üblichen Kanäle in den sozialen Medien oder aber in den Fanforen. Hier habe ich auch im Kundenauftrag zum Beispiel mit Fanforen der Automobilbranche gute Erfahrungen gemacht, wenn man dort mit offenen Karten spielt.

Natürlich bindet dies auch Ressourcen in Ihrem Team. Aber es kanalisiert auch die Kommunikation, die sonst unbeeinflusst in den Kundenforen erfolgt. So können Sie dort wiederum Ressourcen heben, die unter Umständen die Krise abmildern.

Identifizieren Sie unbedingt rechtzeitig wichtige Einzelpersonen, die in den Medien eine Krise entsprechend beeinflussen können. Beispielsweise Politiker mit bundesweiter Bekanntheit, in deren Wahlkreis ein Ereignis stattfindet. Prominente, die von einer Maßnahme betroffen sind, können ebenfalls die Krise für Medien noch etwas interessanter erscheinen lassen. Je nach Krisenverlauf gehören die Stadtspitze, Landrätinnen und Landräte oder auch auf der Ebene von Ministerpräsidenten und Ministerpräsidentinnen entsprechende Entscheider mit dazu. Versuchen beispielsweise Mandatsträgerinnen und Mandatsträger, Sie während einer Krise zu sprechen, seien Sie bitte erreichbar – oder sorgen dafür, dass deren Informationsbedürfnis von Ihrem Stab mitbedient wird.

In der Interventionsphase nutzen Sie, je nach Verlauf, die ganze Bandbreite der Kommunikationsmaßnahmen von Social Media bis zu Pressekonferenzen. Wichtig bei einem Krisenverlauf, der über einen längeren Zeitraum Ihre Arbeit beherrscht: Versuchen Sie die Zeitpunkte der Kommunikationsaktivitäten festzulegen. Wenn es die Dynamik erlaubt, informieren Sie zu festen Zeiten in regelmäßigen Abständen die Medien. Das hat den Vorteil, dass Sie sich in den Zwischenzeiten anderen Aspekten widmen können und Sie nicht zusätzlich noch von den Dynamiken in den jeweiligen Medien abhängig sind. Hier sollten Sie sich, sofern die Krise bundesweite Relevanz hat und sich deshalb auch in entsprechenden Medien niederschlägt, an den Zeiten der Hauptausgaben der wichtigsten Nachrichtensendungen orientieren und entsprechenden Vorlauf einplanen: 18.45 Uhr RTL Aktuell, 19 Uhr „heute", 20 Uhr Tagesschau, 21.45 Uhr „heute journal", 22.15 Uhr Tagesthemen. Berücksichtigen Sie bitte auch die Bedeutung der sogenannten „Dritten Programme". Hier am Beispiel von Nordrhein-Westfalen, in dem der WDR für die ARD das Berichterstattungsgebiet abdeckt. Dort gibt es um 19 Uhr die Regionalsendung „Aktuelle Stunde", die von der „Lokalzeit" flankiert wird, einem Regionalmagazin für einzelne Teile NRWs, das in der Hauptausgabe um 19.30 Uhr beginnt.[96] An dieser Sendestruktur kann man schon ganz gut ableiten, welche Dynamik ein Brand in einem Chemiebetrieb haben kann, der sich zunächst als regionales Ereignis darstellt, im weiteren Verlauf jedoch (beispielsweise wenn zwischenzeitlich bekannt wird, dass es Tote und Verletzte gibt) doch Auswirkungen auf die bundesweiten Nachrichtensendungen bekommt. In der Vorbereitung auf eine erfolgreiche Krisenintervention ist es deshalb unverzichtbar, die Medienlandschaft und ihre Sende- und Redaktionsformate möglichst genau zu kennen.

96 Eine 5minütige Kurzausgabe wird um 18.09 Uhr gesendet.

Und – um auch hier beim WDR als Beispiel zu bleiben – eine Regionalsendung, die seit über 30 Jahren jedes Jahr bis auf wenige Ausnahmen 365 Tage im Jahr ausgestrahlt wird, hat definitiv eine entsprechende Relevanz. Auch, wenn Sie selbst nicht zu den Zuschauern gehören. In der Regel lassen wir uns gerne vom eigenen Mediennutzungsverhalten lenken und bauen unsere PR-Arbeit um diese Vorlieben herum. Das darf in der PR keine Rolle spielen – und in einer Krise schon gar nicht. Die Relevanz von Medien darf sich nicht an unseren persönlichen Vorlieben orientieren. Sie mögen RTL nicht? Das interessiert niemanden, wenn Sie zeitgleich um 17.30 Uhr eine Anfrage von der Tagesschau und RTL-Aktuell haben. RTL Aktuell sendet um 18.45 Uhr, die nächste Tagesschau ist erst um 20 Uhr. Sofern Sie nicht beide Anfragen zeitgleich beantworten können, geben Sie RTL den Vorzug.

Eine weniger gute Nachricht an dieser Stelle: Alle Online-Medien haben minütlich Redaktionsschluss. Hier hilft diese Vorgehensweise nur bedingt.

In der Intervention ist das Monitoring, das Sie in Phase 1 bereits gestartet haben, ein unverzichtbares Element, die aktuellen Aussagen kritisch zu hinterfragen.

In meinen Konzepten nenne ich dieses ständige Abklären „Lernendes Statement". Das klingt vielleicht nach einer Zauberformel, funktioniert aber ausschließlich nach gesundem Menschenverstand, nur, dass man sich in der Krise die Zeit dafür nehmen muss und dieser Arbeitsablauf leichter zu integrieren ist, wenn es dafür einen konkreten Namen gibt. Beim „Selbstlernenden Statement" wird auf einer Skala von 1 bis 10 bewertet, wie Medien und sonstige Öffentlichkeit auf die Aussagen des Unternehmens reagieren und diese Aussagen in der Berichterstattung bewerten.

Wenn alles hervorragend läuft, fließen sogar die Stimmungen der Unternehmens-Statements in die generelle Berichterstattung ein. Das ist der Jackpot, denn dann schwenken Medien grundsätzlich auf den Tenor der Unternehmenskommunikation ein. Das Unternehmen verkündet in seinem Pressetext beispielsweise: „Bei dem Brand handelt es sich um ein unvermeidbares Unglück, das niemand vorhersehen konnte." Und die Presse macht daraus: „Das Unternehmen war nicht in der Lage, diese Gefahr vorherzusehen", dann wäre das in der 10er Skalierung (10 ist der Top-Wert) meiner Ansicht nach höchstens eine 2, weil die Intention des Unternehmens ist, dass NIEMAND dies vorhersehen konnte (dadurch wird es zum unvermeidbaren Schicksal), wogegen die Formulierung in der Presse zwar sachlich korrekt ist (denn wenn niemand es vorhersehen konnte, konnte es letztlich auch das Unternehmen nicht vorhersehen), aber nur rudimentär auf die gewünschte PR-Wirkung des Unternehmens einzahlt. Hier muss folglich stärker interveniert werden: Entweder im Einzelkontakt mit dem Medium oder an der Aussage des Unternehmens selbst. Denn was nutzt die schönste Formulierung, wenn sie draußen bei den Medien ihr volles Bouquet nicht entfalten kann?

Nach einem Unfall in einem Chemiebetrieb, ein Mitarbeiter von einer Fremdfirma hatte nach der Arbeitsweise „Falsche Schutzkleidung, falsche Tätigkeit an falscher Stelle" einen Unfall verursacht und wurde dabei mittelschwer verletzt. Der Pressesprecher wurde zunächst vom Werksleiter nicht informiert, da es sich nicht um einen Mitarbeiter des eigenen Unternehmens handelte. Das war etwas gedankenlos, denn dadurch kam man zunächst in der aktiven Kommunikation ins Hintertreffen. Der Betrieb liegt in einer eher kleinen Gemeinde und wenn dort ein Rettungshubschrauber landet, dann bekommen die lokalen

Medien (einschließlich des zuständigen ARD-Senders mit seinem Regionalmagazin) recht schnell Wind von der Sache. In der Kommunikation sagte der Pressesprecher dann gegenüber den Medien: „Der betroffene Mitarbeiter wurde vorsorglich in eine Spezialklinik geflogen". Zu diesem Zeitpunkt wussten wir bereits, dass keine Lebensgefahr für den Verunglückten besteht und dass er – laut Auskunft der Ärzte – keine größeren bleibenden Schäden davontragen würde. Das ließ den Unfall, so schrecklich er auch für den Betroffenen war, bereits zu einem frühen Zeitpunkt dieser Krise in einem etwas anderen Licht erscheinen. Die Regionalmedien übernahmen das wörtliche Zitat in ihren Fließtext. Das entscheidende war hier das Wort „vorsorglich". Das entscheidet schließlich nicht das Chemieunternehmen, sondern der Notarzt. Dadurch, dass die Medien diesen Begriff in den Fließtext aufnahmen, wurde der Unfall medial etwas niedriger bewertet. Nun kann man hier keine empirische Untersuchung über die Wirkung auf die Öffentlichkeit durchführen, aber die subjektive Wahrnehmung des Pressesprechers, zum Zeitpunkt des Unglücks bereits viele Jahre für das Unternehmen tätig, war, dass man bei vergleichbaren Ereignissen deutlich mehr Anfragen (auch aus der Bevölkerung) erhalten habe als in diesem Fall. Lag es an dem „vorsorglich"? Auf jeden Fall hat es dazu beigetragen. Hier wäre das Ergebnis beim „Selbstlernenden Statement" eine glatte 10.

Zuweilen kommt die 10 auch ganz von alleine daher – aus den Medien selbst: In einem anderen Fall sprach die Presse von einer „Stinkewolke", die übers Land zieht. Das sind dann Formulierungen, die man gerne auch in der eigenen PR-Sprache aufgreifen kann, oder denen man zumindest nicht widerspricht. Denn „Stinkewolke" klingt weniger lebensgefährlich als „Supertoxinschwefelsulfatsäurenstoffgiftwolke".

Phase 4: Analyse

Zeitfaktor: Solange es eben dauert

Damals. Als Volontär. Anruf der BMW-Pressestelle bei mir. Was ich denn gegen BMW habe in meiner Berichterstattung? Ich hatte nichts gegen BMW. Aber ich fand die Meldung lustig, dass die BMW-PR die Schaffung von 14 Arbeitsplätzen für die BMW-Fahrradproduktion feierte, während die Automobilindustrie in Kurzarbeit war. Für ein Fachmedium hatte ich eine Glosse darüber verfasst und mich darüber lustig gemacht. Begriffe wie „Verkehrswende" waren damals noch nicht weit verbreitet. Auch nicht in meiner Glosse. Dort standen so absurde Vorschläge drin, dass man im Stau künftig den 5er einfach stehen lassen könne, um dann mit dem BMW-Rad weiterzufahren – was man halt als Volontär in solchen Glossen so schreibt. Eher etwas zum Schmunzeln als für den Schenkelklopfer.

Später habe ich dann den Sinn dieses Anrufes verstanden. Es ging gar nicht um mich oder meine Berichterstattung. Offenbar wollte die Pressestelle nur abklopfen, ob sie mit mir ein punktuelles oder ein strukturelles Problem hat. Über eine Glosse kann man sich amüsieren oder nicht. Wenn der Verfasser jedoch „generell gegen BMW schreibt", dann muss man hier als Pressestelle ein Auge darauf haben, damit man nicht ein Medium auf der Gegenseite hat, das sich mit Freuden auf Anti-BMW-Themen stürzt. Nachdem ich also versicherte, dass BMW sicher schöne Autos baut, mein Chef auch einen fahre und ich sonst nichts gegen das Unternehmen habe, wurde ich offenbar abgehakt auf der To-Do-Liste und habe in diesem Zusammenhang nichts mehr von BMW gehört.

Im Laufe meiner journalistischen Tätigkeit als Redakteur, Moderator oder Ressortleiter habe ich immer wieder einmal derartige Anrufe von Pressestellen oder den PR-Agenturen von Unternehmen erhalten. Die Erleuchtung hatte ich nach einem Gespräch, das vonseiten des Anrufers mit den Worten begann: „Wir haben Ihre Berichterstattung aufmerksam verfolgt – und wir haben uns auch an einigen Stellen wirklich geärgert, weil Sie uns da den Finger in die Wunde gedrückt habe. Wenn Sie sich das jetzt mal alles vor Augen führen: Was haben wir denn Ihrer Ansicht nach alles falsch gemacht?" – Und danach ergoss sich bei mir ein Redeschwall und ich zählte auf, was alles unrund gelaufen war. Meiner Meinung nach. Fehlende Rückrufe, nicht eingehaltene Zeit-Zusagen für den Informationsfluss, unverständliche Experten, die entweder für den TV-O-Ton nur mit großer Mühe zu nutzen waren, oder die ausschließlich Fachchinesisch redeten und den Zuschauern nicht zuzumuten gewesen wären, bevor nicht ganz Deutschland eine Promotion in Chemie abgelegt hätte. Solche Dinge. Später wurde mir dann bewusst, dass ich dieser Agentur kostenlos eine Unternehmensberatung verpasst hatte. Als Journalist. Denn nun wussten sie ganz genau, wo die Schwachpunkte lagen. Aus Sicht eines Mediums, für das ich zum damaligen Zeitpunkt arbeitete.

Jahre später, als geschäftsführender Gesellschafter meiner eigenen PR-Agentur, habe ich derartige Anrufe von der anderen Seite geführt: „Ich habe gesehen, dass Sie unseren Auftraggeber in der Sonntagsausgabe als ‚Verlierer der Woche' bezeichnet haben. Darf ich fragen..." Und so erfuhr ich, dass der Auftraggeber (eine sehr bekannte Waschmittelmarke) eher zufällig dort gelandet war und wusste nach dem Gespräch mit der Journalistin ganz genau, dass sie keine Konzern-Aversion hegt, die sich auch auf andere Marken des Kunden hätte auswirken können. Bei einem Leitmedium mit einer Reichweite von über 1,5 Millionen Kontakten durchaus eine nicht unwichtige Information. Umgangssprachlich nannten wir diese Anrufe immer „Ohrfeigen-Anrufe". Der Nachteil: Niemand macht derartige Anrufe gerne. Der Vorteil für die Volontäre oder Junior-Berater: Angesichts der Brisanz derartiger Anrufe, in denen sich zuweilen auch Wut von Journalisten entlädt, ist dies Sache der Senior-Berater bzw. der Geschäftsleitung. Aber in der Summe sind derartige Anrufe ein wahrer Goldschatz bei der Nachbereitung von Krisen, weil sie eine neue Wirklichkeit schaffen. Es mag beispielsweise für Sie angesichts der internen Situation während der Krise, veränderten Abläufen und der üblichen Nicht-Erreichbarkeit von Personen in Schlüsselpositionen durchaus eine gute Leistung gewesen sein, innerhalb von zwei Stunden jemanden für einen TV-O-Ton aufgetrieben zu haben. Wenn dem Medium allerdings dann ein Redaktionsschluss dazwischengekommen ist, oder die internen Abläufe dort andere sind, als Sie vermutet haben, dann sind für dieses Medium demnächst nur 60 Minuten bis zum Interview als Benchmark anzusetzen.

Oder Sie erlangen die Erkenntnis, dass man jemanden aus dem Fachbereich noch einmal nachschulen muss, was die Bedürfnisse von Medien betrifft. Beispielsweise für die Übersetzung Fachbegriffe–Deutsch. So kommt der Satz „Wir entsorgen unsere Kunden" unter Umständen nicht so rüber, wie man es in der Fachsprache versteht. Dann übersetzt man: „Wir holen die Abfälle bei unseren Kunden ab." In den Extremen können Sie dies bei der sogenannten „Blaulicht-Lyrik" nachverfolgen. Das sind jene O-Töne, die von der Polizei oder Feuerwehr in die Kameras gesprochen werden: „Die verunfallte Person aus dem von links kommenden Fahrzeug wurde einer Crash-Rettung unterzogen, während bei den anderen Personen, darunter auch eine männliche Person, die Vitalfunktionen zunächst vorübergehend und zu einem späteren Zeitpunkt der Rettung auch dauerhaft ausgesetzt waren…" Oder in der verknappten Form: „Wir hatten dann einen Exit."[97]

Zur Nachbereitung gehört natürlich das offene Wort von den Mitarbeiterinnen und Mitarbeitern der Krise. Wer auch immer Teil des Teams war – und sei es nur für wenige Tage oder an nur einem wesentlichen Augenblick der Krise Teil der Mannschaft war – sollte seine Eindrücke mit den anderen teilen. In derartigen Runden ist die Leitung still und hört nur zu, damit nicht von vorneherein bereits Kritik im Keim erstickt und sich nicht entfalten kann. Unternehmen mit einer gesunden Fehlerkultur haben es hier deutlich leichter und erzielen bessere Ergebnisse als Unternehmen, bei denen erst einmal gilt, was die Leitung sagt und sich andere Meinungen dem unterzuordnen haben. Im Nachgang einer Krise werden in der Regel Arbeitsabläufe und Entscheidungswege nachjustiert, Technik wird optimiert und auch die Bereitschaftsdienste werden angepasst. Was auch immer wieder gemacht wird: Wortführer der Gegenseite werden zum Gespräch gebeten. Nicht immer werden diese Angebote angenommen, aber wer es nicht versucht, der wird auch nicht erfahren, ob die Gegenseite dazu bereit gewesen wäre und was man von ihr hätte lernen können. Wenn die Gegenseite nicht ideologisch verblendet ist, sondern sich wirklich für die Verbesserung der Lage interessiert und entsprechend motiviert ist, wird sie derartige Angebote zum Gespräch durchaus annehmen.

Denkanstöße

!

1. *Gibt es in Ihrer Firma/Organisation Faktoren und/oder Personen, die es erschweren, die jeweiligen Übergänge der einzelnen Phasen zu erkennen?*
2. *Wo haben Sie voraussichtlich Reibungsverluste in der internen Zusammenarbeit?*
3. *Wie offen und schonungslos (nicht „rücksichtslos"!) können Sie wirklich bei der Analyse in der Rückschau sein?*
4. *Machen Sie sich vor der Analyse Gedanken, wie die Fehlerkultur in Ihrer Organisation ist. So schützen Sie sich vor herben Enttäuschungen bis hin zum Karriereknick.*

97 Eigentlich Exitus, aber gelegentlich greift der Feuerwehr-Slang vollends durch.

2. Framing betreiben!

Dieses Kapitel ist für Ihre Arbeit enorm wichtig. Es garantiert den Erfolg der Kommunikation, gibt Ihnen Deutungshoheit und schwächt Ihre Gegner. Es beeinflusst die Presse in einem positiven Sinne – ganz so, wie Sie es möchten.

Mit welcher Erwartungshaltung gehen Sie nun in dieses Kapitel? Sie sind im ersten Absatz von mir manipuliert worden. Massiv. Lesen Sie den Absatz noch einmal und nehmen dann hier den Faden wieder auf.

Dieses Kapitel ist für Ihre Arbeit enorm wichtig. [Erhöht die Aufmerksamkeit beim Lesen.] *Es garantiert den Erfolg der Kommunikation* [vollmundiges Versprechen, Ihre Erwartungshaltung steigt. Selbst, wenn Sie Widerstand verspüren, sind Sie aufmerksamer], *gibt Ihnen Deutungshoheit* [Oh ja! Das ist das Ziel unserer Kommunikation] *und schwächt Ihre Gegner* [Genau so soll es doch schließlich sein.]. *Es beeinflusst die Presse in einem positiven Sinne – ganz so, wie Sie es möchten* [Deshalb haben wir Beraterinnen und Berater und unsere PR-Agenturen].

Und nun zum Vergleich:

Dieses Kapitel behandelt ein Thema, das in Ihrer Arbeit vorkommt. Es beschäftigt sich mit Kommunikation. Es geht um die Aufbereitung von Inhalten in Ihrer Kommunikation. Auch in Bezug auf die Kommunikation mit der Presse.

Nur ein kleiner Kreis von Menschen würde die neutrale Version bevorzugen. Der Hintergrund ist: Diese Variante gibt kein Versprechen, keine Orientierung und löst darüber hinaus keine wirkliche Motivation aus, weiterzulesen. Pressetexte mögen möglichst adjektivarm und nüchtern daherkommen. Das macht sie seriöser und es erhöht die Akzeptanz in den Redaktionen. Das gilt jedoch nicht, wenn wir – beispielsweise in einem Text auf der Unternehmens-Website – die Öffentlichkeit direkt beeinflussen möchten, ohne dass eine Redaktion als Korrektiv dazwischengeschaltet ist. Für die Pressetexte sind die Zitate die Chance, zu färben, zu gestalten, zu gewichten. Deshalb sollten Führungskräfte keine Zitate liefern wie zum Beispiel:

„Am 1. Oktober beginnen wir mit der Einführung unserer neuen Produktlinie."

„Wir werden unsere Soldaten nach Kabul schicken, um Ortskräfte, die für unsere Regierung gearbeitet haben, zu evakuieren."

Besser – weil wertend im Sinne des Absenders – sind die Varianten:

„Mit der Einführung unserer neuen Produktlinie setzen wir ab Oktober neue Maßstäbe im Bereich vegane Kinderkost."

„Wir werden aus Dankbarkeit und Verantwortung heraus uns für das Leben der Ortskräfte und ihrer Familien einsetzen. Deshalb schicken wir unsere Soldaten unverzüglich nach Kabul."

Hier findet die Wertung durch die Gesamtheit der Formulierung statt. Letztlich geht es bei Framing um die Deutungshoheit von Sachverhalten. Die Übergänge zur Werbung mögen fließend sein. Nehmen wir eine Flüssigseife. Ihr Verstand sagt ihnen ganz klar: Das ist ein mit chemischen Methoden hergestelltes Produkt. Dennoch steht auf dem Etikett nicht:

„Chemisches Produkt, das lecker riecht", sondern viel prägnanter „Frischer Frühlingsduft". Auch dadurch entsteht ein Frame, der Sie bei der Anwendung wahrgenommenen Geruch genau in diesem Rahmen wahrnehmen lässt. Jemand kommt freudestrahlend oder mit ernster Miene auf Sie zu und beginnt zu sprechen. Noch vor dem ersten Wort wissen Sie, in welchem Kontext die folgenden Informationen aufzunehmen sind. Zuweilen sind wir angesichts der Informationsfülle auch dankbar dafür, wenn Vortragende und klare Hinweise geben: Das ist wichtig für... Das braucht ihr unbedingt, weil... Dies ist für unsere Kunden wichtig....

Wer an Unis oder Hochschulen doziert, der kann die nervige Frage „Ist das klausurrelevant?" durch geschicktes Framing vermeiden.

Es gibt in der Kommunikation Vertreterinnen und Vertreter, die den Begriff des Framings etwas enger auslegen als ich. Es sei ihnen gegönnt. Aber wenn wir den Bogen von der Produktwerbung bis zur politischen Regierungsarbeit ziehen, dann befinden wir uns in einem fruchtbaren Biotop der Kommunikation, aus dem wir gestalterisch schöpfen können.

Framing ist Nudging[98] in der Kommunikation.

Haben Sie schon einmal etwas vom „Gesetz zur zielgenauen Stärkung von Familien und ihren Kindern durch die Neugestaltung des Kinderzuschlags und der Verbesserung der Leistungen für Bildung und Teilhabe" gehört? Nein. Und vom **„Starke-Familien-Gesetz"**? Sehr wahrscheinlich! Damit sind wir schon beim Thema: Zeichnet sich das „Starke-Familien-Gesetz" der damaligen Sozial- und Familienministerin Franziska Giffey von anderen Familiengesetzen durch etwas anderes aus außer seinen schönen Namen? Ist das ein gutes Gesetz? Darüber kann man streiten. Ist die Kommunikation gut? Auf jeden Fall.

Das **„Gute-KiTa-Gesetz"** hat auch noch einen offiziellen Namen, unter dem es in der Rechts- und Verwaltungsliteratur auftaucht: „Gesetz zur Verbesserung der Qualität der Kindertagesbetreuung". Man muss im Internet schon lange suchen, um diesen Namen zu finden. Die Meldungen der Medien und auch die Pressemitteilungen des Ministeriums spülen eher die PR-Bezeichnung „Gute-KiTa-Gesetz" nach oben. Es hat Gründe, dass die offiziellen Titel so lang sind. Zwar hat man zuweilen den Eindruck, die Erfinder solcher Titel würden nach Zahl der Wörter entlohnt, aber für Juristen und Gerichte sind diese Formulierungen unvermeidlich und wesentlich konkreter in der Gesamtbedeutung. Für die Bürger sind sie ein Graus. Und deshalb gibt Giffeys Ministerium die Richtung der Berichterstattung sehr geschickt vor, indem es selbst PR-Begriffe entwickelt und diese in der Kommunikation aktiv verbreitet. Da Giffey es nicht den Journalisten überlassen mochte, solche Wortungetüme in griffigere Formulierungen zu übersetzen, hat sie es selbst übernommen. Recht hat sie. Denn damit behielt sie auch die Deutungshoheit. Im Grunde müssten Medien jetzt vom „*sogenannten* Gute-KiTa-Gesetz" sprechen, denn der Begriff „gut" ist definitiv wertend. Mit der Übernahme des Begriffes ohne das einschränkende „sogenannte" tragen Medien daher zur Verbreitung der positiven Wertung dieses Gesetzes bei. Ein „Gute-KiTa-Gesetz"

98 Die Beeinflussung von Handlungsabläufen z.B. durch Behörden, Regierungen und Unternehmen. Bspw. für ein Verhalten zu mehr Steuerehrlichkeit, indem man die Unterschrift vom Ende der Steuerunterlagen nach vorne holt: „Ich bestätige, dass ich die folgenden Angaben ehrlich machen werde" oder durch praktische Abläufe, indem uns beim Geldautomaten erst die Karte und dann das Geld ausgehändigt wird. So vergisst niemand mehr die Karte beim Geldabheben im Automaten.

lässt sich schwerer kritisieren als ein „Gesetz zur Verbesserung der Qualität der Kindertagesbetreuung". Was kann an guten KiTas denn schlecht sein?[99]

Und genau dort setzt das Framing an. Die Gestaltungsmöglichkeit mit Sprache, mit Worten. Unternehmen wie Politik, NGOs und andere Organisationen wählen bewusst bestimmte Begriffe aus, damit sie die Meinung der Öffentlichkeit in ihrem Sinne beeinflussen. Eine wirklich neutrale Sprache kann man vielleicht von einem Gericht in der Urteilsbegründung erwarten. Aber auch dort finden sich Begriffe wie „grausam", „hinterhältig", „feige" und viele andere, die gesellschaftliche Wertungen vornehmen.

Dabei ist Sprache – ebenso wie die Gesellschaft – einem ständigen Wandel unterworfen. Nehmen Sie als Beispiel das Wort „schwul". Einst ein übles Schimpfwort – heutzutage ein akzeptiertes Synonym zur Bezeichnung homosexueller Männer. Und die Gesellschaft? Der Paragraph 175 (Strafbarkeit von Homosexualität) galt bis zum Jahr 1994. Das war in meinem 28. Lebensjahr und es kommt mir heute vor, als wäre dies eine Erzählung aus dem Mittelalter.

Der Begriff **„Kulturschaffende"** ist inzwischen gewissermaßen entnazifiziert. Er geht, nach Angaben des Kollegen Mathias Heine, der sich intensiv mit nationalsozialistisch geprägten Begriffen beschäftigt hat, zurück auf die 1933 geschaffene Reichskulturkammer. Damals sei von Künstlern und Kulturschaffenden gesprochen worden, die vor allem ihre nationalsozialistische Gesinnung unterstrichen. „Vorher ist es nicht nachweisbar" sagt Heine im Interview mit der Deutschen Welle.[100] Der DUDEN bestätigt diese Information, ordnet den Begriff im Alltagsgebrauch eher der DDR zu. Auch die ist ja schon eine Weile Geschichte. Ich persönlich bin der Auffassung, dass der Begriff „Kulturschaffende" inzwischen eher positiv als negativ besetzt ist. Dennoch sollte man bei aktivem Framing (siehe Hinweise am Ende des Kapitels) derartige Faktoren bei der Auswahl der Begriffe berücksichtigen.

Ein weiterer gesellschaftlich stark diskutierter Begriff ist … wie schreibe ich es jetzt, ohne meine Haltung dazu zu offenbaren? … Abtreibung, Schwangerschaftsabbruch, Kindesabtreibung, Abbruch, Abort, Eingriff, Schwangerschaftseingriff – jeder Begriff übernimmt eine Wertung.

Somit empfiehlt es sich, einige Gedanken darauf zu verwenden, welche Begriffe man in in welchem Zusammenhang verwendet. Die Politik hat es uns während der Covid19-Pandemie vorgemacht: Lockdown, Shutdown, Bundes-Lockdown, Lockdown Light, Wellenbrecher-Lockdown, Brücken-Lockdown. Die einen sprachen von Schutzmaßnahmen, andere von Gängelung, Freiheitseinschränkung oder dem Schutz volatiler Gruppen.

Greifen wir das Wort **„Bundes-Lockdown"** einmal heraus. Hier wird nicht nur die Maßnahme in ihrer bundesweiten Auswirkung beschrieben, sondern – je nachdem, wer diesen Begriff als Ministerpräsidentin oder Ministerpräsidenten verwendet – auch die Zuständigkeit abgegeben, während man selbst als Länderchefin oder Länderchef eine andere Entscheidung getroffen hätte. „Bundes-Lockdown" definiert demnach Verantwortung – aber

99 Die beiden Giffey-Absätze stammen aus: Tom Buschardt „Warum wir Kommunikation neu lernen müssen", VISTAS-Verlag, 2019, 240 Seiten, 19 Euro.

100 „Verbrannte Wörter: Sprechen wir noch wie die Nazis?" vom 19.3.2019.

der Begriff bereitet für spätere Ausgleichszahlungen schon einmal einen potenziellen Zahlmeister vor: den Bund.

Ein US-Verteidigungsminister[101] bezeichnete die Foltertechnik, Menschen 72 Stunden am Schlafen zu hindern, indem sie aufrecht mit überschlagenen Füßen knien mussten, als **„Schlafmanagement"**. Warum tat er das? Ganz einfach: Er sprach über SEINE Soldaten, die diese Praktiken an irakischen Gefangenen[102] angewandt hatten. Wären es die militärischen Gegner gewesen, die diese Foltertechnik an US-Amerikanern angewendet hätten, so wäre ihm das Wort **„Folter"** leichter über die Lippen gekommen.

Framing ist immer (!) eine klare Definition des eigenen Standpunktes, bzw. des Standpunktes, der vom Unternehmen oder Partei/Organisation vorgegeben wird. Medien arbeiten nicht anders. Sie werden zwar stets für ihre Haltung und Meinung kritisiert, weil viele Medienkonsumenten der Auffassung sind, dass sie eine Meinung unter Berufung auf Fakten widerlegen könnten. Medien stehen unter einem sogenannten „Tendenzschutz" (in Österreich auch „Blattlinie"). Das bedeutet, ein Medium darf durchaus eher konservative, liberale, soziale oder auch radikale Ansichten (sofern nicht rechtswidrig, beispielsweise bei Volksverhetzung) vertreten. Es sollte zwar auch die Gegenmeinungen berücksichtigen – muss dies aber nicht. So gelten beispielsweise Springer-Medien eher als konservativ, der Spiegel als eher links. Der WDR hatte einst den Ruf des „Linksfunks" und der Bayerische Rundfunk galt als eher konservativ.

Auch überregionale Medien haben in Deutschland zu bestimmten Themen eine „Blattmeinung". Entweder wird diese von der Chefredaktion vorgegeben (und damit auch Begriffe ausgewählt und festgelegt, die von den Redaktionen zu nutzen sind), oder sie wird in den Redaktionen ausdiskutiert und dann festgelegt. Es muss im Medium einheitlich sein, ob man eine Regierung als **„Regime"** bezeichnet oder eine **„illegale Miliz"** als **„Verbündete der Nato"** adelt. In der Berichterstattung des Mediums muss es dann einheitlich formuliert sein, weil sich Medienkonsumenten sonst nicht orientieren können.

Vertreter der Bundesregierung (aller Ebenen) sind extrem vorsichtig, wenn die Presse bereits von **„Völkermord"** schreibt. Nimmt die Bundesregierung diese Bezeichnung offiziell in die Kommunikation auf, dauert es nicht mehr lange, bis sie öffentlich zum Eingreifen aufgefordert wird. So eiern Diplomaten, Beamte und Minister um den heißen Brei herum. Man spricht von **„ethnischen Säuberungen"** (als ob eine Ethnie zuvor „schmutzig" gewesen wäre!), von **„kriegsähnlichen Zuständen"** oder zunächst einmal von einer **„völkerrechtlich unübersichtlichen Situation"**. Die Presse ist hier freier in ihrer Wortwahl und so framen die Medien während der Pressekonferenzen den Begriff „Völkermord" und die Bundesregierung framt dagegen an.[103]

101 Der Republikaner Donald Rumsfeld (1932–2021).

102 Folterskandal Abu-Ghuraib.

103 Die Bundeszentrale für politische Bildung schreibt zu 65 Jahren Bestehen der UN-Völkermordkonvention am 11.1.2016: „Explizit als Völkermord definiert werden (...) Handlungen, „die in der Absicht begangen" werden, „eine nationale, ethnische, rassische oder religiöse Gruppe als solche ganz oder teilweise zu zerstören". [Dazu] zählen (...) „Tötung von Mitgliedern der Gruppe" (...) „die Verursachung von schwerem körperlichen oder seelischem Schaden" und die „vorsätzliche Auferlegung von Lebensbedingungen für die Gruppe, die geeignet sind, ihre körperliche Zerstörung" herbeizuführen. (...)

Beim Bundesnachrichtendienst (BND), dem man gerne immer wieder eine Beeinflussung der Politik nachsagt, um die eigenen Interessen des Dienstes durchzusetzen, wäre mit Framing schnell viel Schaden anzurichten, oder zumindest eine Beeinflussung der Politik vorzunehmen. BND-Sprecher Martin Heinemann weist angewendetes Framing in den Dossiers des Geheimdienstes weit von sich – und seiner Kolleginnen und Kollegen: „Unser Auftrag liegt darin, Regierung und Parlament Entscheidungsgrundlagen an die Hand zu geben. Wir schreiben Berichte, wir beantworten Fragen und briefen Entscheidungsträger gerne auch persönlich. Entscheidend dabei ist: wir liefern reine Lagebilder und betreiben keine Politik!" Allerdings, so der BND-Sprecher weiter, würde man schon genau wahrnehmen, wer aus dem politischen Berlin anschließend mit welchem Framing seine O-Töne in die Mikrofone der Hauptstadtpresse spricht. „Das ist dann aber nicht mehr Sache des Nachrichtendienstes, dies zu kommentieren. Das verfolge ich eher aus beruflichem Interesse an Kommunikation." Spricht's und will auf Nachfrage keine Namen nennen.

Neben den klassischen Framing-Begriffen sind auch sogenannte **„Projektions-Begriffe"** in der Kommunikation sehr beliebt. Es sind Begriffe, die im Grunde genommen nicht klar definiert sind, in die aber jeder Kommunikationsempfänger genau das hereininterpretieren kann, was er gerne darunter verstehen möchte. In der Pandemie kam der Begriff **„Hygienekonzept"** auf, der uns im Alltag Sicherheit versprach und Unternehmen beispielsweise ermöglichte, das Geschäft in der Pandemie vollumfänglich oder zumindest in wesentlichen Teilen fortzuführen. Überlegen Sie einmal, was man Ihnen unter „Hygienekonzept" alles angeboten hatte. Wohlgemerkt: „Hygienekonzept" war nicht gesetzlich oder durch Verordnungen definiert. Je nach Bundesland sahen beispielsweise die Hygienekonzepte von Sportvereinen komplett unterschiedlich aus. Im Prinzip müsste man hier digitale Entscheidungen treffen: Ein Virus ist ein Virus – und das verhält sich in NRW nicht anders als in Mecklenburg-Vorpommern oder Bayern.

Das Hygienekonzept in meinem Büro sah zu Anfang der Pandemie beispielsweise vor: Getrennter Zugang, FFP2-Maske (lange vor der FFP2-Maskenpflicht), Hygienegel für die Hände, Acryltrenner, mit Trassierband markierte Bereiche, Funkmikrofone anstelle eines Handmikrofons, Desinfektion von TV-Equipment, Lüfter mit HEPA-Filter der Schutzklasse 13/14 und vieles mehr. Ein aus dem TV bekannter Virologe, der zum Coaching kam, meinte nur: „Sie sind deutlich über dem, was Sie machen müssten." – Damit kann ich leben. Eine Bäckerei aus der Nachbarschaft hatte auch ein Hygienekonzept. Alle 1,5 Meter eine Markierung auf dem Boden. Fertig.

Als Kundin und Kunde wurden Sie mit der Formulierung: „Wir haben auch ein Hygienekonzept" im Grunde genommen nur oberflächlich beruhigt.

Zu den Projektions-Begriffen gehört im erweiterten Kommunikationsbegriff die **„Projektions-Entschuldigung"**. Mal abgesehen davon, dass man sich nicht selbst entschuldigen kann, sondern um Entschuldigung zu bitten hat, damit andere sie einem gewähren, kann man hier gelegentlich ein wenig forscher vorgehen. Grundsätzlich: Ich empfehle meinen Klienten, auch gelegentlich die Formulierung „ich entschuldige mich" zu benutzen. Sie erzwingt gewissermaßen die Entschuldigung in der Öffentlichkeit. Ferner setzt diese Formulierung einen Referenzpunkt, den man später wieder herbeizitieren kann: „Ich habe mich bereits am Montag dafür entschuldigt und im Laufe der Woche ein weiteres Mal …".

Eine andere Form der Entschuldigung ist, dass man nicht die Ursache, sondern die Wirkung bedauert.

Im Bundestagswahlkampf kam es zur Flut in NRW und Rheinland-Pfalz. NRW-Ministerpräsident Armin Laschet hatte im Hintergrund eines Medienstatements von Bundespräsident Frank-Walter Steinmeier offenbar einige lustige Momente und feixte im Hintergrund herum. Zwar hatte auch Steinmeier erkennbar Spaß, während Laschet sprach – aber Steinmeier war nicht im Wahlkampf um das Kanzleramt. Folglich fiel sein Fauxpas weitestgehend unter den Tisch. Laschet hatte im Nachhinein, als er kritisch auf sein Verhalten angesprochen wurde, zunächst gesagt, dass er nicht mitbekommen habe, was der Bundespräsident da vorne erzählt.

Nun ist die einfache Frage zu beantworten: Was soll ein Bundespräsident vor den Kameras schon groß erzählen, außer dass er erschüttert ist, über die Toten und das Leid, das über die Region hereingebrochen war? Und auch eine andere, einfache Benimmregel hätte Laschet vor Fehlverhalten schützen können: Wenn ich Ministerpräsident bin und vorne spricht das Staatsoberhaupt, dann habe ich die Klappe zu halten und mich angemessen zu verhalten.

Später hat Laschet **„die Wirkung bedauert"**, die durch sein Verhalten entstanden sei. Das klingt wie eine Entschuldigung – ist aber keine. Er bedauert die Aufregung, die er verursacht hat – nicht, dass er im Hintergrund herumgefeixt hat.[104] So entlarvend diese Formulierung von Armin Laschet auch sein mag: Auch hier rate ich meinen Klienten gelegentlich zu derartigen Formulierungen und arbeite bewusst mit dieser Unschärfe. Allerdings ausschließlich in Situationen, wo mein Klient unter öffentlichem Druck eine Entschuldigung präsentieren muss, mit sich selbst aber über sein Verhalten absolut im Reinen ist[105] und dies im tiefen Grunde seines Herzens als Entschuldigung ablehnt. Diese Form der Projektions-Entschuldigung zieht sich durch alle Parteien. Auch der Bündnis90/Grüne Cem Özdemir hatte angesichts der sogenannten „Bonusmeilen-Affäre" gesagt: „So sehe ich mich seit gestern Nachmittag mit dem Vorwurf konfrontiert, dass ich unberechtigterweise dienstlich erworbene Bonusmeilen für private Flüge verwendet habe. Diesen Vorwurf kann ich nicht entkräften." Und beim ehemaligen NRW-Ministerpräsidenten Wolfgang Clement[106] hieß es: „Wenn Parteifreunde vor Ort das Gefühl haben, ich hätte sie im Stich gelassen und ihnen deshalb mit meinem Kommentar geschadet, dann bedaure ich das."[107]

Aus der Pandemie stammte auch der Begriff **„systemrelevant"**. Ein geschickter und vor allem kostengünstiger PR-Schachzug der Verantwortlichen. Da ohne LKW-Fahrer, Supermarktpersonal und Pflegekräfte die Versorgung der Bevölkerung nicht gewährleistet war, hatte man sich diesen Begriff zur Wertschätzung und Motivation ausgedacht. Menschen, die auch sonst an einem Samstag an der Supermarktkasse saßen, wurde auf einmal für ihre Arbeit gedankt, die sonst keines Blickes gewürdigt wurden – noch nicht einmal beim Satz „Sammeln Sie Punkte?". War es wertschätzend, um 21 Uhr auf dem Balkon zu stehen

104 Sie finden das Beispiel Laschets mit weitergehenden Informationen in den Kurz- und Langfassungen der Videos „Analyse der Kanzler-Nacht bei BILD.TV" auf meinem YouTube-Kanal www.YouTube200prozent.com.

105 Vgl. auch hier meinen YouTube-Kanal den Beitrag „Fake-Entschuldigung zu Sexismus".

106 SPD-Politiker, später wechselte er zur FDP.

107 Beide zitiert nach meinen eigenen, vorliegenden Unterlagen.

und zu klatschen? Es war vor allem preiswert, denn davon wurden die Löhne von LKW-Fahrern oder medizinischem Personal nicht erhöht. „Applaus ist das Brot des Künstlers" – und um die ging es bei dieser Aktion nicht.

Der Begriff „systemrelevant" ist meiner festen Überzeugung nach in Pandemiezeiten ein Spaltbegriff gewesen, der die Menschen eher trennt als verbindet. Sie hatten Kurzarbeit oder waren gar zeitweise komplett erwerbslos? Würden Sie aufzeigen, wenn ich jetzt in die Runde fragen würde: „Wer von Ihnen ist denn alles nicht systemrelevant?" Deshalb muss man bei der Einführung und Verwendung derartiger Begriffe unbedingt berücksichtigen, was dies auf der Gegenseite für Wirkungen entfaltet.

Ist eine freiberufliche Kraft, die Kindern Malkurse gibt, ihnen Werte und handwerkliches Geschick vermittelt sowie ein Gespür für Farben, Formen und Materialien, weniger systemrelevant als jemand, der einem CEO beibringt, wie er die Kurzarbeit seiner Belegschaft als etwas Gutes vermittelt? Warum ist ein Schauspielensemble nicht mehr systemrelevant? Weil Kopf und Geist auf einmal nichts mehr wert sein sollen?

Kurzfristig mögen bestimmte Berufsgruppen aufgewertet worden sein – mittel- und langfristig bleibt der Begriff aber wie ein übler Geruch in unser aller Kleidern hängen: Warst Du eigentlich damals in der Pandemie systemrelevant, oder eher nicht?

Ein Staatspräsident hatte den deutschen Botschafter **„einbestellt"**. Die ist in der Welt der Diplomatie eine der unteren Stufen, seinen Protest zu äußern. Solche Einbestellungen sind oftmals im politischen Handeln eingepreist: Die Regierung trifft eine Entscheidung und weiß genau: Die Gegenseite muss entsprechend reagieren, um vor dem eigenen Volk oder der Weltöffentlichkeit das Gesicht wahren zu können. Interessant war in diesem Fall die Formulierung im Hintergrundgespräch: „Der Herr Staatspräsident ist ein sehr dialogorientierter Mensch und wollte dies mit uns teilen. Dem sind wir gerne nachgekommen."[108]

Vertreter der Pharma-Industrie waren bei der Kanzlerin zum Termin. Sie nannten dies einen **„Impf-Gipfel"**. Das unterstreicht die Wichtigkeit des Termins und vor allem die eigene Bedeutung. Man ist folglich **„Gipfel-Teilnehmer"**. Die Kanzlerin bezeichnete es als ein **„Impf-Gespräch"** und hängte die Latte damit deutlich tiefer.

Ebenso machte der Begriff **„Corona-Kritiker"** die Runde, der ziemlich unpräzise ist. Kritisiert wurde nicht das Virus, sondern die Maßnahmen, die von den Behörden verhängt wurden. Nun ist für den Journalismus der Begriff einfacher zu nutzen, weil er zwar inhaltlich und objektiv falsch ist[109] – dennoch die richtigen Informationen vermittelt. „Kritiker der Corona-Maßnahmen" ist einfach sperriger als „Corona-Kritiker". **„Corona-Leugner"** oder **„Covidioten"** sind dagegen sehr präzise gewählt und lassen klare Rückschlüsse über die Haltung des Absenders erkennen. **„Querdenken"** war einmal eine gute Eigenschaft, mit der man Menschen verbal adeln konnte, die auch als **„Vordenker"** von der allgemeinen Linie abwichen. Inzwischen ist der Begriff doppelt besetzt: Für die einen als Auszeichnung, für die anderen als Abwertung.

108 Ich war in dieser Situation nicht als Coach vor Ort, sodass ich anonym daraus zitieren kann.
109 Deshalb gibt es im Journalismus z.B. „Kaufhaus-Mörder" und „Tunnel-Vergewaltiger".

In der Regel arbeiten auch Medien mit Projektions-Begriffen, denen sie eine gewisse Wertvorstellung der eigenen Leserschaft als Grundlage zuordnen. Ist die von BILD betitelte **„Taliban-Hölle"**[110] nun eine reale Hölle, die von den Taliban geschaffen wurde auf Erden, oder ist es eine theologische Hölle, in die die Taliban nach ihrem Tod verbracht werden? Im Kontext der BILD-Berichterstattung wird deutlich, wie das Medium den Frame bei den Leserinnen und Lesern gesetzt haben möchte.

„Preisanpassungen" und **„Preisgerechtigkeit"** sind Begriffe, die uns Preiserhöhungen schmackhaft machen wollen. Eine Anpassung klingt nicht so dramatisch und für Gerechtigkeit sind wir alle. Wenn ein Dateidownload 3 Euro kostet, empfinden wir das als teuer. Wenn für den Dateidownload 3 Euro **„Schutzgebühr"** erhoben werden, ist das in Ordnung. Dabei wissen wir auch, dass Unternehmen Preise haben und keine Gebühren erheben können – aber was macht das schon?

„Bahnhofsklatscher" sind nicht die Menschen am Münchner Hauptbahnhof, die den FC Bayern von einem gewonnenen Auswärtsspiel willkommen heißen, sondern es war eine abwertende Bezeichnung aus der rechten Ecke für jene Menschen, die bei der Ankunft von Geflüchteten am Münchner Hauptbahnhof geklatscht hatten. In diesem Zusammenhang seien auch **„Entvölkerung"** und **„Umvolkung"** erwähnt, die sich in rechtsnationalen Kreisen großer Verbreitung erfreuen. Ich persönlich lehne den Begriff ab – aber aus kommunikativer Sicht muss man diesen Schmähbegriff als ausgesprochen geschickt gewählt bezeichnen: Er ist juristisch nicht beleidigend, beschreibt nur ein Verhalten, das unstrittig ist (Klatschen am Bahnhof) und wirkt doch schmähend.

Wichtig für dieses Kapitel: Man kann Waffen ablehnen, aber dennoch ihre Effektivität erkennen. Darum geht es hier.

„Klimawandel", **„Klimakatastrophe"**, **„Klimahysterie"**, **„Klimawahn"**, **„Klimafaschismus"**, **„Klimasozialismus"** – klassisches Framing aus der jeweiligen Position des Absenders heraus.

In den Redaktionen werden begriffliche Diskussionen ebenfalls geführt. Handelt es sich um eine **„kriegerische Auseinandersetzung"**, einen **„militärischen Konflikt"**, eine **„regionale Auseinandersetzung zwischen Militärs"** oder eine **„Kampagne"**, wie es anlässlich des Jugoslawien-Krieges in den deutschen Medien bezeichnet wurde, weil die Reporter die NATO-Briefings nur übersetzten und so aus dem PR-Begriff „Campagne" eine „Kampagne" machten. Übrigens: Der Jugoslawien-Krieg war kein Krieg, weil niemand den Krieg erklärt hatte. Aber wie soll man es im Alltag nennen, wenn ein Staatenverbund auf ein Land Bomben abwirft? „Kampagne" ist mit Sicherheit zu euphemistisch. In Nachrichtenagenturen werden Nachrichten hergestellt. Sie sind eine Ware, die angeboten und verkauft wird. Das heißt nicht, dass die Ereignisse künstlich geschaffen werden, aber eine Meldung ist nun einmal ein Produkt. Dieses Produkt ist dann besonders effektiv, wenn man es an mehrere verkaufen kann und es dafür nicht noch umformulieren muss. So muss man nur das Problem lösen, dass der **„Terrorist"** des einen der **„Freiheitskämpfer"** des anderen ist. Folglich bedienen sich Nachrichtenmeldungen der Bezeichnung **„Attentäter"**. So

110 BILD vom 29.8.2021.

kann man seine Nachrichtenware in jedem Teil der Welt unabhängig von den politischen Ausrichtungen unverändert anbieten.

Zuweilen muss Sprache jedoch auch unpräziser werden, um präzise verstanden zu werden. Nehmen Sie den Begriff **„Asylsuchender"**. Asyl ist nichts, was man suchen oder worum man bitten müsste. Asyl ist in Deutschland ein im Grundgesetz verankertes verfassungsmäßiges Recht. Was dort verankert ist, ist Gesetz und darauf haben Menschen Anspruch. Somit wäre der Begriff **„Asylfordernder"** inhaltlich absolut korrekt – jedoch würde er in der Öffentlichkeit komplett anders verstanden werden als der Begriff „Asylsuchender".

Auch macht es in der Wahrnehmung von Bürgern durchaus einen wesentlichen Unterschied, ob die Medien darüber berichten, dass Geflüchtete an den Grenzen **„abgewiesen"** oder **„zurückgewiesen"** wurden. Das „zurück" impliziert einen Ort, an den die Menschen tatsächlich zurück gehen könnten – was oftmals nicht der Fall ist. Harte politische Entscheidungen wirken so weniger hart. Übel wird es, wenn Begriffe wie **„Asyltourismus"**[111] salonfähig scheinen. Da sollte manch einer noch einmal nachschauen, wofür das „C" in seinem Parteikürzel steht. In Kombination mit den Bildern, die in den Köpfen der Bevölkerung ohnehin bereits vorhanden sind (**„Massentourismus"** beispielsweise), bekommt ein „Asyltourismus" einen wirklich üblen Beigeschmack. Aber auch hier gilt: Für die Zielsetzung derjenigen, die derartige Begriffe verwenden, ist ein solches Framing zielgerichtet und effektiv.

Treffen sich zwei Innenminister aus zwei EU-Staaten an einem Samstagmorgen im Brüsseler Fitnessstudio. Sagt der eine zum anderen: „Ich schaffe jetzt 200 **Push-Backs** täglich". „Oh," antwortet der andere, „dann bist du ja 80 Push-Backs besser als ich." – Leider unwahr, denn mit dem beschönigenden Begriff „Push-Back" wird die gewaltsame (und oftmals auch illegale) Zurückdrängung von Geflüchteten an den Außengrenzen des Schengen-Raumes bezeichnet. Nur fühlt sich das als „Push Back" in der medialen Nachrichtenlage für die Politiker besser an.

Angelehnt an die Sprachgeschicklichkeit von Giffey, nannte Bundesinnenminister Horst Seehofer sein Gesetz **„Geordnete-Rückkehr-Gesetz"**.

Das bringt Probleme für die Kritiker: Zum einen empfinden sie dieses Gesetz nicht als „Geordnete Rückkehr", zum anderen müssen sie den Begriff verwenden, weil die Bevölkerung sonst den Eindruck bekommen könnte, man spreche hier über zwei verschiedene Gesetze. Pro Asyl bemühte die Anführungszeichen: „Das >>Geordnete Rückkehr Gesetz<< ignoriert rechtstaatliche Grundsätze."[112] So übt die Organisation zwar Kritik und bebilderte diese mit einem Flugzeug hinter Nato-Stacheldraht, um eine entsprechend emotionale Wirkung zu erzielen – aber auch Pro Asyl verbreitet natürlich den Begriff, den Seehofer so gerne in den Medien hätte. „Geordnete Rückkehr" – das klingt nur für Insider nach tragischen Schicksalen, Leid, Verzweiflung und geplatzten Träumen.

Die AfD verwendet gerne den Begriff **„Altparteien"**, um den Gegner abzuwerten und sich selbst als modern, neu und vor allem als Alternative anzupreisen. Interessant ist zu beobachten, wie dieser Begriff sich immer mehr in die mediale Berichterstattung einschmiegt

111 U.a. verbreitet von Markus Söder, CSU.
112 ProAsyl vom 1.2.2019.

und nach und nach hoffähig wird. Man könnte anstelle von Altparteien auch den Begriff **„Traditionsparteien"** verwenden. Den finden Sie jedoch nicht in den Medien. Die AfD hat das Framing in diesem Fall gekapert. Ebenso bei den Begriffen **„Zwangsgebühren"** (für den **„Rundfunkbeitrag"** – ein Begriff mit einem anderen Framing) oder die Bezeichnung **„Staatsfunk"** für ARD und ZDF. Nun konnte ich beobachten, wie auch zahlreiche Kolleginnen und Kollegen sich selbst in Social-Media-Kanälen als Staatsfunk, Staatsfunkerinnen und Staatsfunker bezeichneten. Ironisch gemeint, jedoch nicht ironisch verstanden. Auch damit verbreiten Sie den Begriff weiter und unterstützen damit das Framing seines Schöpfers, der sich darin bestätigt sieht.

In der Berichterstattung aus arabischen Ländern wird oftmals der Begriff der **„Ungläubigen"** genutzt – der allerdings lediglich aus der Sicht der dort vorherrschenden Religion korrekt nutzbar wäre. Sind beispielsweise Christen, Hindus, Buddhisten oder Juden deshalb „ungläubig"? Nein. Sie sind **„Andersgläubige"**. Eine nicht-repräsentative Stichprobe meinerseits bei Kolleginnen und Kollegen, die in der Berichterstattung die Bezeichnung „Ungläubige" verwendet hatten, ergab, dass diese selbst keiner Kirche angehörten. Sie fanden sich offenbar selbst im Begriff „Ungläubige" wieder und nahmen an, ihre Berichte dadurch emotional verstärken zu können.

Empfinden wir Steuern als Last? Natürlich. Und je weniger Belastung, desto besser. Nun befeuern Politiker – obwohl sie ohne Steuern diesen Staat gar nicht betreiben könnten und noch nicht einmal ihre Reisespesen ersetzt bekämen – diese Wahrnehmung bei uns Bürgerinnen und Bürgern. Deshalb springen wir insbesondere vor den Wahlen auf die Begriffe **„Steuererleichterungen"** so gut an. Als Befürworter und Nutznießer von Steuern sollten sie eher von **„Steuerverantwortung"** sprechen.

Ebenso im Angebot ist der Begriff **„Besserverdiener"**, der Menschen ein schlechtes Gewissen suggeriert, wenn sie beispielsweise deutlich mehr als ein Facharbeiter verdienen. Das mag funktionieren – aber machen die beiden, die hier von Medien oder Politik verglichen werden, denn tatsächlich einen vergleichbaren Job? Oder gehen die beiden komplett unterschiedlichen Tätigkeiten nach, die auch in der Gesellschaft, im Markt anders vergütet werden? Müsste es dann nicht im Grunde genommen Besserverdiener nur dort geben, wo Menschen exakt die gleiche Tätigkeit ausüben und einer von diesen beiden mindestens 1 Euro mehr erhält? Alle anderen sind doch **„Andersverdiener"**. Die Ärztin ist doch nicht besserverdienend als der LKW-Fahrer. Sie ist andersverdienend, weil beide Tätigkeiten unterschiedlich bezahlt werden. Haben wir dagegen einen Arzt, der bei gleicher Position im Krankenhaus 10 oder 20 Prozent mehr verdient als eine Ärztin, dann handelt es sich eindeutig um einen Besserverdiener.

Die Debatte um diesen Begriff dient jedoch allen Seiten: Diejenigen, die den sogenannten Besserverdienenden an den Kragen möchten, indem sie ihm prozentual mehr Steuern abziehen und denjenigen, die sich damit aufwerten, als Besserverdiener zu gelten. Sie sehen: Hier kann das Framing gegenteilige Wirkung entfalten.

Zwischendurch eine gute Nachricht für alle Freunde der Elektromobilität: Der **„Verbrennungsmotor"** verschwindet schneller, als man glaubt. Der kleine Haken: Es geht hier in erster Linie um Sprachkosmetik, denn die Automobilindustrie führt soeben den Begriff **„Kolbenmotor"** ein. Dabei handelt es sich zwar weiterhin um einen Verbrennungsmotor (der Elektromotor ist nicht kolbengetrieben), aber als Kolbenmotor klingt ein Verbrenner weniger fossil, sondern eher nach einer technischen Beschreibung.

Und ich finde auch, dass Ad Blue vornehmer klingt als Harnstoff.

Ein Spirituosenhersteller unterbrach mich einmal während eines aufgezeichneten Interviews und korrigierte meine Wortwahl rund um Alkoholismus und die Suchtgefahren seiner Produkte. Man unterscheide in der Branche zwischen **„Genusstrinkern"** und **„Wirkungstrinkern"**. Darauf muss man auch erst einmal kommen. Getreu dem Motto: „Halb betrunken, ist rausgeschmissenes Geld" hat ein „Wirkungstrinker" wenigstens eine sinnvolle Tätigkeit zum vollen (!) Abschluss gebracht.

Die Kollegen aus dem Haupthaus eines ARD-Senders kritisierten einen meiner Beiträge, den ich von der Internationalen Automobilausstellung (IAA) überspielt hatte. Mir war durchgegangen, dass die Pressesprecherin eines US-Automobilherstellers angesichts des enormen Benzinverbrauchs seiner Fahrzeuge im O-Ton davon gesprochen habe, dass man „traditionell auf **verbrauchsfreudige Motoren**" setze. In der Hektik des Reporter-Alltags war mir das untergeschoben worden.

So sprechen Chemieunternehmen beispielsweise neutral von einem **„Ereignis"** oder einem **„Produktaustritt"**. Aber Vorsicht: Wenn der Fluss sich über mehrere Bundesländer rosa färbt, sind „Produktaustritt" oder „Ereignis" sicher die falschen Begriffe.

Aber auch bei Pharmaunternehmen muss man aufpassen, wie fachlich korrekte Begriffe in der Öffentlichkeit wahrgenommen werden. Stichwort: Lipobay-Skandal. Das Unternehmen Bayer hatte beispielsweise Muskelschwund als Nebenwirkung vertuscht und es kam zu Todesfällen. Der damalige Bayer-Chef Manfred Schneider zog es vor, von Sylt aus der Krise beizuwohnen, während Finanzchef Werner Wenning in die erste Reihe geschoben wurde. Am Vortag hatte Bayer sich dazu entschlossen, den Cholesterinsenker Lipobay vom Markt zu nehmen. Das ZDF zitierte einen denkwürdigen Satz von Wenning: „Die Anwendung von hochwirksamen Medikamenten ist immer mit **Nebenwirkungen** verbunden, die auch zum Tode führen können."[113]

Mal abgesehen davon, dass er hier im kommunikativen Untergang gleich zwei Framings versucht („hochwirksames Medikament" und „Nebenwirkungen"), verkennt das Unternehmen kolossal, dass vielleicht Pickel oder ein Jucken auf der Haut als Nebenwirkung wahrgenommen werden, der Tod aber eher eine Wirkung als eine Nebenwirkung darstellt. Vor allem für die Betroffenen und ihre Angehörigen. Der Tod mag nicht eine erwünschte Wirkung sein, aber es ist zweifelsohne keine Neben-Wirkung!

Die im Framing verwendeten Begriffe sind gerne basisdemokratisch zu erarbeiten, zu diskutieren und vor allem kritisch zu hinterfragen – bevor man sie massiv in der Öffentlichkeit einsetzt. SPD-Finanzminister Olaf Scholz gefiel sich in dem Sprachbild der **„Bazooka"**, die man herausholen wolle, um die wirtschaftlichen Schäden der Covid19-Pandemie zu bekämpfen. Die Presse griff das Zitat dankbar auf. Bazooka – das klang gewaltig und mächtig. Streng genommen ist die Bazooka jedoch ein kleinkalibriger Raketenwerfer, der mit 2 Mann bedient werden muss. Kein so wuchtiges Bild. Darüber hinaus machte Scholz noch

113 Hier zitiert nach Capital vom 23.4.2019: Das Bayer-Drama um Lipobay.

eine Geste, als ob er eine Bazooka (die von der Schulter abgeschossen wird) aus der Hüfte abfeuert.

> „Als er und seine Leute danach lesen mussten, dass die Bazooka beim Schießen auf der Schulter liegt, wurde eifrig recherchiert, bis man Bilder von Sylvester Stallone als Rambo fand, der mit der Bazooka aus der Hüfte feuerte. Erleichterung."[114]

Die Framing-Expertin Elisabeth Wehling,[115] die an der Universität California lehrt, sagt:

> „Frames sind nicht per se manipulativ, sondern ein naturgegebener Teil aller Sprache. Und nein, man kann Frames neuronal nicht widerstehen, sie werden immer aktiviert, wenn wir ein Wort hören oder lesen. Es ist auch nicht immer leicht zu erkennen, welches Wort was auslöst. Aber wenn man die Naivität gegenüber der Bedeutung der Sprache überwunden hat, ist schon viel gewonnen."[116]

Damit gibt sie den entscheidenden Tipp, wie man sich des Framings bewusst wird, dem man täglich ausgesetzt ist. Aber Sie arbeitet selbst massiv am Framing. „Man mag sich über das 6stellige Honorar für ein luftig gesetztes 89seitiges Papier das Maul zerreißen." Oder über die Qualität der von ihr vorgeschlagenen Slogans wie zum Beispiel: „Politik und Wirtschaft im Auge behalten? Besser selbst machen", „Kultur kann man nicht (einfach so) kaufen. Man muss sie erst(-mal) machen." oder – mein persönlicher Favorit: „Wir sind Ihr." Im Umfeld der öffentlichen Kritik wurde dann deutlich, dass Frau Wehling als Sprachwissenschaftlerin deutlich mehr vom Framing versteht als von geschickter Eigen-PR. Aber das darf bei der Bewertung des Framings keine Rolle spielen. Wo sie Recht hat, hat sie nun einmal Recht.

Gesundheitsminister Jens Spahn (CDU) hatte unglücklicherweise einige konkrete Termine in der Pandemie genannt, zu denen Masken oder Impfstoff vorliegen sollten. Diese Termine wurden um einige Tage/Wochen überschritten – aber da er sie konkret benannt hatte und nicht „Anfang März" oder „im Herbst/Winter" formulierte, musste er sich daran messen lassen. Er sprach dann nicht davon, dass die Abteilungen in seinem Ministerium den Mund zu voll genommen oder falsche Berechnungen angestellt hätten. Keineswegs. Jens Spahn sagte allen Ernstes: „Jetzt müssen alle mal aufpassen mit dem **Erwartungsmanagement**."[117] Die Absurdität derartiger Formulierungen wird dann besonders deutlich, wenn man sie auf private Situationen überträgt. „Mann" ist fremdgegangen. „Frau" stellt ihn zur Rede. Anstatt zerknirscht um Verzeihung zu bitten, hinterfragt er das „Erwartungsmanagement" der Gattin. Kein guter Ansatz.

114 Aus: SPIEGEL Ausgabe 25/2021, „Angela der Zweite" – in der Online Fassung: „Die Vermerkelung des Olaf Scholz".

115 Autorin von „Politisches Framing: Wie eine Nation sich ihr Denken einredet – und daraus Politik macht", Ullstein, 5. Auflage 2018, 12 Euro.

116 Interview im Tagesspiegel vom 16.7.2018.

117 Zitiert nach Süddeutscher Zeitung vom 29.3.2021.

Denkanstöße

1. *Suchen Sie Begriffe, die keine weiteren Erklärungen benötigen und für sich selbst sprechen können.*
2. *Wenn Sie dies in einem Brainstorming machen, heben Sie für die Gehirne aller Beteiligten die im Unternehmen verankerte Hierarchie auf. Nur so können Sie wirklich kreativ sein.*
3. *Checken Sie diese Begriffe auf Herkunft und Geschichte. Viele umgangssprachliche Formulierungen sind unter Umständen durch politische Parteien bereits besetzt, bzw. wurden durch diese mit bestimmten Inhalten aufgeladen.*
4. *Machen Sie den Check, ob diese Begriffe umgedeutet werden können und sich dann gegen Sie wenden.*
5. *Seien Sie sensibel für die Wahrnehmung des Begriffs in Medien und Öffentlichkeit. Eventuell müssen Sie hier nachjustieren.*
6. *Sorgen Sie dafür, dass diese Begriffe von allen (!) Vertreterinnen und Vertretern des Unternehmens, die für Sie sprechen, geleichermaßen verantwortungsvoll und effektiv genutzt werden. Abweichler unterlaufen die kommunikative Wirkkraft derartiger Formulierungen.*

Zu guter Letzt ein Framing-Beispiel aus der Praxis, bei dem wir nicht über die Wortwahl, sondern über den Umgang mit einer Umweltinitiative ein Framing betreiben konnten. In einer Diskussion mit dem Vorstand hatte ich den Vorschlag unterbreitet, die Leiterin einer Umweltinitiative persönlich und ohne vorherige Terminvereinbarung (wegen eines Überraschungseffektes) anzurufen und das Gespräch zu suchen. Seine Abwehr war enorm: „Die wird unsachlich, dann beleidigt sie mich und am Ende wird sie einfach den Hörer auflegen und ist stehe da wie der letzte Idiot." Wir haben das heftig diskutiert. Am Ende gab er widerwillig nach und griff zum Telefon. Er tat dies, weil ich es wollte – nicht, weil er davon überzeugt war. Das Ergebnis: Sie war unsachlich, hat ihn beleidigt und dann einfach aufgelegt.

„Sehen Sie," sagte er zu mir mit einer Mischung aus Verärgerung und einem Gesichtsausdruck der ein ganz klares „Ich hab's ja gewusst" bedeutete. „Ich stehe da wie der letzte Idiot". Genau das Gegenteil war der Fall, denn nun konnten wir an die Presse wahrheitsgemäß kommunizieren: „Wir haben sofort nach Bekanntwerden der Vorwürfe den direkten Kontakt mit der Bürgerinitiative gesucht. Leider wurde das Gespräch vonseiten der Initiative abgebrochen. Wir sind jedoch weiterhin zum Dialog bereit, da wir die kritischen Stimmen aus der Bevölkerung sehr wohl vernehmen und uns dieser Kritik auch stellen werden." Gefolgt von einigen PR-Textbausteinen, die Begriffe prägten wie **„Versachlichung"** und **„Offenheit"** sowie **„Transparenz"** und **„offenen Dialog"** – was sprachlich zu solchen Anlässen halt so anfällt. Die Bürgerinitiative hatte kurze Zeit später eine neue Vorsitzende, mit der man dann den Dialog aufnehmen konnte. Es lief auch dort nicht alles rund in der gegenseitigen Kommunikation – aber auf jeden Fall in einem weniger unangenehmen Rahmen als wir es in der Variante 1.0 hätten erwarten können. Hier war es demnach kein sprachliches Framing, aber wir haben durchaus einen Rahmen geschaffen, in dem wir erfolgreich kommunizieren konnten.

Haben wir die ursprüngliche Vorsitzende der Bürgerinitiative unfair behandelt? Auf keinen Fall. Sie hätte sich ja auf das Gesprächsangebot einlassen können. Sie hätte auch nicht unser Überraschungsmoment einfach hinnehmen müssen. Ein kurzes: „Ja gerne, aber nicht jetzt, sondern zu einem vereinbarten Termin" hätte doch genügt. Und wer nur polemisieren will, darf sich nicht wundern, wenn beispielweise Anwohner eines Werkes weniger Wert auf die krawallige Präsenz ihrer Bürgerinitiative in den Medien legen als auf eine Änderung der Situation, die tatsächlich eine Lösung für das Leben in unmittelbarer Nähe eines Produktionsstandortes bedeutet.

3. Aus der Bibel lernen: David gegen Goliath

> „Da trat aus dem Lager der Philister ein Vorkämpfer namens Goliaths (...) hervor. Er war sechs Ellen und eine Spanne[117] groß. Auf seinem Kopf hatte er einen Helm aus Bronze und er trug einen Schuppenpanzer aus Bronze, der fünftausend Schekel wog. (...) Als der Philister weiter vorrückte und immer näher an David herankam, lief auch David von der Schlachtreihe aus schnell dem Philister entgegen. Er griff in seine Hirtentasche, nahm einen Stein heraus, schleuderte ihn ab und traf den Philister an der Stirn. Der Stein drang in die Stirn ein und der Philister fiel mit dem Gesicht zu Boden. So besiegte David den Philister mit einer Schleuder und einem Stein;(...) Dann lief David hin und trat neben den Philister. Er ergriff sein Schwert, zog es aus der Scheide, schlug ihm den Kopf ab und tötete ihn. Als die Philister sahen, dass ihr starker Mann tot war, flohen sie."[118]

So kamen wir als Kinder mit dem Klassiker „David gegen Goliath" in Kontakt. Entweder im Originaltext aus der Bibel, durch farbige Kinderbücher oder durch Kinofilme. Lassen wir die theologische Bedeutung des Kampfes für dieses Kapitel komplett außer Acht und konzentrieren uns auf den Kern der Geschichte „Klein gegen Groß" und schauen uns an, in welchem Lebensalter wir erstmals von der Geschichte hörten. Wie alt waren wir damals? Und vor allem: Wie klein und hilflos fühlten wir uns zu dieser Zeit, weil die Älteren uns geärgert haben? In der Regel spendet diese Geschichte Kindern Trost: Du kannst auch als Kleinerer eines Tages den Größeren und körperlich Überlegenen besiegen. Eine trostspendende Geschichte. Wir konnten uns mit kleineren und schwächeren Menschen identifizieren. Der junge Kämpfer mit der Steinschleuder – er war uns nah. Näher als der Riese Goliath. Ein Teil unserer Sozialisierung geht auch auf diese und ähnliche Geschichten zurück.

Jetzt stellen wir das Narrativ einmal zurück auf null und erzählen die Geschichte komplett anders:

„David war feige. Er hat sich dem fairen Kampf Mann gegen Mann entzogen und mit einer Schusswaffe aus der Distanz gekämpft. Und darüber hinaus ist so ein großer Goliath auch viel leichter zu treffen. Außerdem ist es unethisch, einem am Boden liegenden Menschen, der sich nicht mehr wehren kann, in seiner Hilflosigkeit den Kopf abzuschlagen."

Das stellt unsere Wahrnehmung komplett auf den Kopf. Streng genommen sind beide Erzählweisen für sich genommen – bei aller Widersprüchlichkeit im direkten Vergleich – nachvollziehbar und auf ihre Art und Weise wahr. Streng genommen hätte sich unsere Gesellschaft komplett anders entwickelt, wenn das zweite Narrativ den Geist unserer Gesellschaft bestimmen würde.

In den Medien – und insbesondere in der Krisenkommunikation – stoßen wir immer wieder auf den sogenannten „David gegen Goliath"-Effekt, der die Öffentlichkeit eher aufseiten des kleinen, schwachen David sein lässt. Schauen wir uns einige Pärchen einmal genauer an:

117 Über den Daumen: 7 Meter.
118 Zitiert aus: Erstes Buch Samuel.

Geschäftsleitung/Belegschaft, Anwohner/Chemiebetrieb, Politiker/Bürger, Bürgerinitiative/ Unternehmenssprecher, Lagerarbeiter/Jeff Bezos – die Liste ließe sich beliebig fortsetzen und sie würde stets funktionieren. Es ist dabei auch unerheblich, wen ich als Erstgenannten in die jeweiligen Paarungen eingetragen habe: Der Kleinere gewinnt Ihre Sympathie.

Das wissen natürlich auch die Medien und man bekommt nun einmal mehr Reichweite von der Zielgruppe, die die Mehrheit bildet. Die Geschäftsleitung besteht aus 3-10 Menschen, die der Belegschaft aus 300 oder mehr. Darüber hinaus ist es Medien eigen, dass sie den Auftrag haben, den Mächtigen in der Republik genauestens auf die Finger zu schauen. In der Gesamtheit profitiert die Gesellschaft von diesem Korrektiv. Nicht zuletzt deshalb bezeichnet man die Presse neben Legislative, Judikative und Exekutive als sogenannten „Vierte Macht im Staat".

Das führt – insbesondere dann, wenn man selbst von einer kritischen Presse während der Krise begleitet wird – oft zu einer verschärften Empfindsamkeit über die eigene Person, die eigene Marke oder das eigene Unternehmen. Als Mensch haben Sie – beruflich wie privat – die Lebenserfahrung gesammelt, dass sich das Leben, wenn man gemocht wird, angenehmer und leichter anfühlt. Man fühlt sich selbst eher schwach, weil man zuweilen auch als Getriebener in der Öffentlichkeit durch die Krise gejagt wird, und macht nun die Erfahrung: Dass die anderen sich NICHT mit Ihnen als Kleineren und Schwächeren identifizieren, sondern mit den Anwohnern, Kunden, der Bürgerinitiative und all den anderen. Für die Öffentlichkeit bleiben Sie der Vertreter der Goliath-Fraktion: Weil Sie das Unternehmen vertreten, beispielsweise. Oder im Unternehmen eine wichtige Funktion innehaben.

Nun haben Sie als Führungskraft immer wieder die Erfahrung gemacht, dass Stärke von Vorteil ist und gelegentlich sogar karrierefördernd – und nun wirft man Ihnen genau diese stets gut und hilfreich empfundene Eigenschaft vor. Sie wundern sich, dass der Bürgerinitiative zunächst mehr Glauben geschenkt wird als Ihnen und Ihren Expertenteams. Sie wundern sich, dass ein pensionierter Lateinlehrer an der Spitze der Bürgerinitiative mehr Expertise haben soll als der diplomierte Chemiker aus Ihrer Produktionsstraße. Dabei ist es, wenn man den David/Goliath-Effekt berücksichtigt, ganz einfach nachzuvollziehen:

Der Lateinlehrer als erster Vorsitzender der Bürgerinitiative hat keine finanziellen Interessen, denkt nur an das Gemeinwohl und engagiert sich ehrenamtlich, zumal er in der Regel Zeit dafür hat. Ihr Diplom-Chemiker und Geschäftsführer steht beim Unternehmen auf der Payroll, wird von Kommunikationsexpertinnen und Kommunikationsexperten beraten, hat Rechtsanwälte an seiner Seite, für deren Honorar die Firma aufkommt und die er nach Herzenslust mit Beratungsleistung in Anspruch nehmen kann, während die Bürgerinitiative um Spenden bittet. Außerdem sind die Begriffe der Bürgerinitiative viel emotionaler und griffiger als die geschliffenen PR-Aussagen des Unternehmens.

Särge sind übrigens sehr beliebt und wirkungsvoll. Achten Sie bei der Bildberichterstattung zu Themen mit öffentlicher Relevanz auf Särge unter den Demonstranten, die stets etwas zu Grabe tragen. Da brauchen Sie nicht lange drüber nachzudenken, was das sein könnte: Es steht gut lesbar auf dem Sarg: Sozialstaat, Mietengerechtigkeit, Frauenrechte, Natur, Klima, Glaubwürdigkeit, Gerechtigkeit, Arbeitnehmerrechte – das funktioniert. Als Unternehmen können Sie einer solchen Bildsprache nur schwer etwas ähnlich Wuchtiges entgegensetzen.

Während die Davids von der Bürgerinitiative ohne Weiteres skandieren können: „Keine Chemieabfälle in die Natur" – können Sie schlecht die Belegschaft dazu verpflichten und gemeinsam rufen „Machen wir auch nicht". Oder „Haben wir auch gar nicht vor". Darüber hinaus arbeiten Bürgerinitiativen gerne damit, dass Sie einen Sachverhalt schildern und dann sagen: „Davor habe ich Angst." Oder: „Wir alle haben Angst davor, dass in einigen Jahren hier keine Blumen mehr wachsen, Kinder nicht mehr im Sand spielen können und die Vögel allesamt tot vom Himmel fallen". Damit platzieren sie wuchtige Bilder in den Köpfen, die eine einhundertprozentige Wirkung entfalten: Denn dass Vögel tot vom Himmel fallen oder Kinder nicht mehr draußen spielen können – wer will das nicht verhindern? Und so wird die Schar der Davids immer größer und größer. Im Grunde genommen entwickeln sie sich damit zum Goliath und das Unternehmen wird der Kleine, Schwache – aber keiner sieht es.

Sie können sich vorstellen, dass das natürlich emotional an den Nerven zehrt. Das muss man nicht nur für die externe Kommunikation ausblenden, sondern gerade im Innenverhältnis in der Krisenberatung vor allem einblenden. Es spielt eine wesentliche Rolle bei der Akzeptanz von Formulierungen und anderen kommunikativen Maßnahmen.

Ich durfte für jemanden arbeiten, der als Finanzvorstand gerade eine ausgesprochen gute Bilanz vorgelegt hat, aber wegen der Langfristigkeit seines Geschäftes und den vorliegenden Rückgängen bei den Aufträgen der nächsten Jahre bereits jetzt eine nennenswerte Zahl von Mitarbeiterinnen und Mitarbeitern entlassen musste. Das Coaching wurde ständig unterbrochen: Call mit einem Anteilseigner in Übersee, dazu noch die Probleme mit der Zeitverschiebung: denn anzupassen hatten sich die deutschen Führungskräfte. Mit Tränen in den Augen kämpfte er um jeden Arbeitsplatz. Durch die Zusammenarbeit und die Tatsache, dass wir uns zu diesem Zeitpunkt bereits einige Jahre kannten, bekam ich hautnah mit, wie er trotz des Druckes letztlich immer wieder für die Belange der Belegschaft eintrat. Das ist in diesen Funktionen nicht selbstverständlich – dennoch bekam er in der Öffentlichkeit (und damit meine ich nicht nur die Gewerkschaftsvertreter bei der Betriebsversammlung) die volle Breitseite ab.

In diesem Augenblick muss man mit den David/Goliath-Vergleichen in der internen Beratung vorsichtig sein. In solchen Zeiten empfinden sich Vorstände keineswegs in der Rolle des Goliaths und wundern sich dennoch, dass niemand Verständnis für ihre persönliche Situation zeigt. Letztlich wird dann auf das Gehalt geschaut und die Öffentlichkeit sagt sich: Bei einem solchen Gehalt muss er das auch aushalten können.

Es mag durchaus sein, dass in den siebenstelligen Gehältern von Vorständen eine gehörige Portion Schmerzensgeld enthalten ist. Dennoch sind die Schmerzen da – und sie sind genauso echt wie bei anderen Betroffenen. In den Kreisen, wo Geld keine wirkliche Rolle zu spielen scheint, weil genug davon da ist, belasten Reputationsverlust, Statusverlust und Machtverlust umso mehr.

Denkanstöße

1. *Auch wenn es sich zuweilen so anfühlt: Für die Öffentlichkeit sind Sie in der Regel nicht der David.*
2. *Berücksichtigen Sie bitte das enorme Identifikationspotenzial, das die in der Krise als „David" bezeichneten Akteure über mediale Wirkung auslösen können.*
3. *Eine Gegenreaktion von Ihnen kann somit als viel heftiger empfunden – und dementsprechend medial orchestriert – werden, als Sie zunächst vermuten.*

4. Autorisierung und „Eins, zwei oder drei"?

Haben Sie das Recht, wörtliche Zitate von sich selbst vor der Veröffentlichung noch einmal gegenlesen zu dürfen?

Nein, das haben Sie nicht.

Aber Sie haben das Recht, korrekt zitiert zu werden. Dieses Recht können Sie jedoch nur dann durchsetzen, wenn Sie bereits zitiert wurden. Vor der Veröffentlichung haben Sie keinen Rechtsanspruch darauf, Beiträge von Medien vor der Veröffentlichung noch einmal gegenzulesen. Das verdanken Sie Artikel 5 des Grundgesetzes, der die Freiheit von Lehre, Forschung und Presse garantiert. Denken Sie einmal an Ihr eigenes Mediennutzungsverhalten: Möchten Sie beispielsweise Geld für die Süddeutsche, die FAZ oder den SPIEGEL ausgeben, wenn Sie wissen, dass alles, was dort drin steht, vor der Veröffentlichung noch einmal von Pressestellen der Unternehmen – oder auch von Politikern, denn für die gälte dieses Recht schließlich auch – freigegeben wurde? Vermutlich nicht. Folglich müssen Sie auch damit leben, dass man Ihnen diese Möglichkeit nicht unbedingt einräumt.

Aber es gibt ja immer noch die gelebte Praxis. Und die heißt für das Interview „Autorisierung". Der SPIEGEL war nach dem zweiten Weltkrieg eines der ersten Medien, das in Deutschland den Interviewpartnern für das Format des SPIEGEL-Gesprächs die Möglichkeit einräumte, das Interview vor der Veröffentlichung noch einmal gegenzulesen. Dieses Vorgehen ermöglichte auch in der damals noch etwas polarisierten Medienlandschaft den Austausch mit jemandem von der politischen Gegenseite, ohne dass es unfair werden würde. Allerdings hat der Umgang mit der Autorisierungspraxis sorgfältig zu erfolgen. Zwischen dem gesprochenen Wort und dem, was dann anschließend noch sprachlich, inhaltlich verändert wird, sollten meiner Auffassung nach nur 5 Prozent Unterschied sein. Wenn man es übertreibt und massiv auf Medien Einfluss zu nehmen versucht, dann druckt ein Medium auf der Titelseite einfach geschwärzte Antworten (taz mit Olaf Scholz), oder lässt auf einer Doppelseite die Flächen für die Antworten einfach leer (Handelsblatt mit PNB-Paribas-Chef Bauduin Prot) oder druckt stattdessen die Texte der Medienanwälte (medienmagazin „journalist" mit Gabor Steingart).

In Medien wie Hörfunk oder TV ist es absolut unüblich, Passagen vor der Veröffentlichung noch einmal freizugeben.

Berücksichtigen Sie bitte, dass man Abstimmungen über die Autorisierung von Zitaten die Pressestelle übernehmen lässt. Für die ist das in der Wahrnehmung von Journalisten artgerechtes Verhalten (weil es alle Pressestellen immer wieder machen). Aber wenn Sie es selbst tun als Führungskraft, dann ist es ein Zeichen von Schwäche: Warum sollten Sie Ihren eigenen Worten nicht trauen? Hier spielen Sie den Ball einfach über Bande und lassen das Medium im Unklaren, ob es Ihr ausdrücklicher Wunsch ist, oder nur Dienstbeflissenheit der Pressestelle.

Vorsicht während der Krise: Hier ist es schwierig, eine Autorisierung durchzusetzen. Dafür sind Krisenverläufe in der Regel zu dynamisch und in der Krise muss in der Regel ohnehin möglichst breit kommuniziert werden und öffentlich getätigte Aussagen unterliegen keiner Autorisierungsschleife mehr. Beispielsweise, wenn sie von einer Pressekonferenz stammen. Deshalb ist es wichtig, insbesondere bei diesen öffentlichen Auftritten vor der Presse, konzentriert, fokussiert und mit klaren Absprachen vor Mikrofone und Kameras zu treten. Lassen Sie eine Pressekonferenz lieber 15 Minuten später beginnen (das ist im Journalismus so üblich, wie Verspätungen im ÖPNV), gewinnen dadurch aber wichtige Zeit, noch einmal die Gedanken zu klären und aus der Managementebene in eine Kommunikatoren-Ebene zu gleiten. Tragen Sie keine Smartwatches mit E-Mail-Anzeige oder Handy mit Vibrationsalarm in der Tasche oder auf dem Tisch. – Unter Garantie können Sie eine Ablenkung nicht gebrauchen, wenn Sie im Dauerfeuer der Medien stehen. Geben Sie das Mobiltelefon an eine Assistenz für diesen Zeitraum. Wenn es wirklich unaufschiebbar ist, wird man Sie schon loseisen.

Wer übrigens während seiner Statements auf Pressekonferenzen ständig auf sein Mobiltelefon schaut, der kann keinerlei Glaubwürdigkeit über Präsenz erreichen. Bestes Beispiel aus den Corona-Pressekonferenzen: Wirtschaftsminister Peter Altmeier.

Die Autorisierung sollten Sie einsetzen, wenn es in der Nachbetrachtung und Nacharbeit zur Krise das große Hintergrundinterview mit einem Leitmedium gibt. Hier haben Sie die Möglichkeit, Narrative zu korrigieren oder eigene Narrative zu setzen. Auch hier gilt: Autorisierung schafft keine falsche Sicherheit. Gehen Sie vorbereitet und fokussiert in ein solches Gespräch.

Was in der Krise sehr wohl eine Rolle spielt – im Gegensatz zur Autorisierung – sind die Vertraulichkeitsstufen im Journalismus. Die werden als „unter Eins", „unter Zwei" und „unter Drei" eingeleitet. Das bedeutet, dass man in diesem Fall die Ebenen wechselt und abklärt, welche Zitate wie gebracht werden dürfen. Ein „unter Eins" bedeutet, dass alles frei zur Veröffentlichung ist. Ihr Name und Ihre Funktion werden genannt. „Unter Eins" werden Sie selten hören, denn davon geht man aus, wenn man mit Medienvertretern spricht oder schreibt. Faustregel: Ein mit einem Journalisten geführtes Gespräch ist immer ein „öffentliches Gespräch". Es ist für die Verbreitung bestimmt. Journalistin und Journalist haben die wahrheitsgetreue Wiedergabe des Inhaltes in ihren Berichten zu gewährleisten. Es ist branchenüblich, dass ein Diktiergerät mitläuft. In der Regel mit Wissen des Gesprächspartners.

„Unter Zwei" bedeutet, dass man den Zitatgeber oder Informanten etwas eingrenzen kann, aus welcher Richtung er dieses Zitat abgibt, aber ihn dennoch nicht namentlich nennt. Beispielsweise: „Ein leitender Beamter aus der Führungsebene des Wirtschaftsministeriums..." oder „Aus der Geschäftsleitung der Alpha GmbH hört man...".

Und dann gibt es noch „unter Drei", das leider immer häufiger unterwandert wird. Zunächst in der optimalen Variante: „Branchenkenner gehen davon aus..." „aus Kreisen der Landesregierung...". – Das sind klassische „unter Drei"-Formulierungen. Dieser Schutz von Informanten ist wichtig, denn sonst würden diese Informationen nicht in die Berichterstattung einfließen können. Zuweilen wird auch „unter Drei" eine Information weitergegeben, die der Einordnung der Fakten dient und NICHT zur Veröffentlichung gedacht ist.

So erhielt ich mit der Meldung, dass jemand aus dem politischen Bereich plötzlich und unerwartet gestorben war, in der Nachricht an mich folgenden Hinweis: „Unter 3/ nicht zur redaktionellen Verwendung. Aufgrund der Todesumstände gibt es keine Hinweise, dass der Tod in Zusammenhang mit [Name] politischer Funktion steht."

An dieser Stelle liegt es nun am Journalisten, ob er der Quelle dieser Information, die er hier „unter Drei" bekommt, glaubt, bzw. diese Quelle als glaubwürdig einstuft. Das Ergebnis wäre dann, dass das Medium nicht Spekulationen über die Todesursache verbreitet. Dieses „unter Drei" ist oft nicht redaktionell nachzuprüfen und es wird natürlich von Regierungen, Geheimdiensten, Behörden wie Polizei, Staatsanwaltschaft usw. auch missbräuchlich eingesetzt, um sich einen Vorteil zu verschaffen. Diese Vorteile sind jedoch nicht sehr langlebig, denn irgendwo redet immer jemand mit der Presse – oder verplappert sich im Umfeld eines Interviews im Smalltalk.

Befinden Sie sich in einem Interview und Sie kommen an eine Stelle, in der man die Ebene von „unter Eins" auf „unter Drei" ändern muss, sorgen Sie dafür, dass bei der Passage „unter Drei" kein Mikrofon und keine Kamera mitlaufen. Medien könnten sonst argumentieren, dass Sie ja vor der Kamera sitzengeblieben waren und wussten, dass das aufgenommen wurde, und deshalb der Veröffentlichung unter voller Quellennennung nicht wirklich widersprochen hätten. Ferner: „unter Drei" ist kein Gesetz. Es ist Praxis. Sie können sich vor Gericht nicht wirklich darauf berufen, denn Sie haben nun einmal mit den Medien gesprochen.

„Unter Drei" wird im politischen Berlin oft unterlaufen. Ein parlamentarischer Geschäftsführer einer Bundestagsfraktion sagte mir einmal, dass er es schon mehrfach erlebt habe, dass er einem Medium etwas „unter Drei" anvertraut hatte und exakt 14 Tage später ein anderer Ableger des Mediums aus einer angeblich anderen Quelle dieselbe Information ohne Vertraulichkeitshinweis erhalten habe und man deshalb nun darüber berichten würde. Wenn das einmal passiert, so sagte er mir, könne das Zufall sein. Auch beim zweiten oder dritten Mal. Aber wenn er sich das gewissermaßen schon in den Kalender eintragen kann, wann angeblich jemand anders das offen erzählt habe, dann sei da ein System hinter.

Dem kann ich mich nur anschließen.

In den angelsächsischen Medien gibt es diese 1, 2, 3-Unterscheidung nicht. Dort unterscheidet man zwischen „off the record" (eine Mischung aus dem deutschen „unter Zwei" und „unter Drei" mit klarer Tendenz zu „Drei") und der Klassifizierung „background only" – daraus dürfte demnach auch nicht indirekt zitiert werden. Das wäre gewissermaßen ein deutsches „unter Vier", das es zu Anfang meiner Berufsausbildung noch gab, heute aber keine Bedeutung mehr hat.

Gefahrenhinweis: Achten Sie bitte darauf, dass beispielsweise „unter Drei" auch wirklich verstanden wird. Beispielsweise werden jüngere Kolleginnen und Kollegen, sofern sie es nicht an den Journalistenschulen eingeimpft bekommen, nicht unbedingt auf diese Feinheiten eingeschworen. Ich musste leider schon die Erfahrung machen, dass eine Kollegin von einem sehr reichweitestarken Regionalmedium dieses „unter Drei" offenbar nicht kannte und fleißig alles – aber auch wirklich alles – in ihren Text geschrieben hatte. Gottseidank kannte mich der leitende Redakteur und rief vor der Veröffentlichung noch einmal an: „Wollt ihr das wirklich so verbreitet wissen?" Dieser Anruf hatte uns den Kopf gerettet.

Ein Regionaljournalist aus einem bundesweiten Leitmedium, ebenfalls mit mehreren Jahrzehnten Berufserfahrung ausgestattet, hat mich ernsthaft gefragt: „Darf ich die Namen der beiden Informanten nennen?" – Ich bekomme alleine bei der Vorstellung an diese Situation heute noch Schnappatmung.

Denkanstöße

1. *Die Autorisierung ist keine Vollkaskoversicherung ohne Selbstbeteiligung!*
2. *Schicken Sie nach Möglichkeit jemanden von der Unternehmenskommunikation bei der Autorisierung nach vorne. So bleibt unklar, ob es sich hier um einen normalen Vorgang im Unternehmen handelt, oder ob Sie wirklich in der Sache nervös und unsicher sind.*
3. *Der Autorisierungsvorgang muss auch von den Medienvertretern als fair empfunden werden, sonst zerschlagen Sie dort Porzellan.*

5. Exponentielles Risiko durch schlechte Erreichbarkeit

Wir müssen beim Thema „Erreichbarkeit" nicht unbedingt an die Flutkatastrophe in NRW und Rheinland-Pfalz aus dem Jahr 2021 denken, um uns die dramatischen Folgen für die Krisenkommunikation vor Augen zu führen, wenn Mobilfunknetze beispielsweise zusammenbrechen. Dennoch lohnt ein kurzer Blick.

Als ich die Meldungen aus den Katastrophengebieten verfolgte, kamen mir zunächst Zweifel an meiner These, dass jede Krise durch Menschen mitverschuldet sei und man irgendwo auch einen – oder mehrere – Schuldige ausfindig machen kann. Zu gewaltig waren die Schäden und zu tragisch die Schicksale von Betroffenen.

Aber dann, nach zwei, drei Tagen, als die Medien sich nicht nur um die Beschreibung des Ereignisses kümmerten, sondern auch in die Analyse gehen konnten, war es mir möglich, diese Schuldigen-These weiter aufrecht zu erhalten. Denn viele Schicksale hätten verhindert werden können, wäre der Informationsfluss sichergestellt gewesen. Es hätte bereits genügt, betroffene Risikogebiete rechtzeitig zu evakuieren.

Aber auch in den Wochen nach der Flut kamen die üblichen Verdachtsmomente ans Tageslicht: Wer hatte in potenziellen Flutgebieten Grundstücke als Bebauungsflächen ausgewiesen? Wer hatte die Entscheidung getroffen, dass Warnapps nicht miteinander koordiniert werden? Wer hatte die Entscheidung getroffen, kein Cell-Broadcast[119] aufzusetzen? Bundeswehrgeneral Hans-Peter von Kirchbach hatte 2002 bereits als Chef einer unabhängigen Untersuchungskommission nach der Oderflut die Warnung durch Sirenen als „Mittel der ersten Wahl" bezeichnet.

Es muss also jemanden gegeben haben, der entschieden hat, dieser Empfehlung nicht zu folgen, ebenso der Empfehlung nicht nachzukommen, in solchen Notsituationen den Einsatzkräften der Bundeswehr mehr Entscheidungsfreiheiten zu geben, um schneller Schutzmaßnahmen ergreifen zu können. Jedoch ist der Einsatz der Bundeswehr im Inneren angesichts der jüngeren deutschen Geschichte stets ein hochbrisantes Politikum. Da will man als Politik sich nicht so schnell das Heft des Handels aus der Hand nehmen lassen. Allerdings bestehen die Pioniereinheiten der Bundeswehr aus gedrillten hauptamtlichen Zeit- und Berufssoldaten. Und die Kommunalpolitik? Was versteht ein Landrat von flexiblem Brückenbau oder der Evakuierung von Menschen per Hubschrauber? Hatte nicht auch jemand die Entscheidung getroffen, die Sirenen abzubauen, oder die Kommunen vor die Entscheidung zu stellen, die Sirenen im Zweifel auf eigene Kosten weiter zu betreiben? Als Kind der 1970er Jahre konnte ich genau sagen, welches Sirenensignal beispielsweise „Rundfunkgeräte einschalten und auf Durchsagen warten" bedeutet. Heute? Keine Ahnung. Schaue ich später vielleicht im Internet nach, was natürlich in diesem Augenblick nicht funktioniert, weil im Katastrophenfall der Mobilfunk nicht mehr zur Verfügung steht.

---

119 Die Technik, an jedes Mobiltelefon (auch ältere Modelle) unter Einhaltung des Datenschutzes Warnnachrichten schicken zu können, die sich in bestimmten Funkzellen eingeloggt haben.

Georg Rose, Chefredakteur von Radio Wuppertal, berichtet, dass die Warnstufe 1 über das modulare Warnsystem „MoWas" des Bundesamtes für Bevölkerungsschutz und Katastrophenhilfe (BBK) seinen Sender erst nach Mitternacht erreichte. Zu diesem Zeitpunkt berichteten seine Reporterinnen und Reporter bereits live von der dramatischen Situation in ihrer Stadt. Hier war gesunder Menschenverstand und eine journalistische Verantwortung für das Berichterstattungsgebiet hilfreicher als das System des BBK. Sie erkennen: Man kann vielleicht nichts vor Ort dafür, dass 200 Liter oder mehr je Quadratmeter abregnen – aber für das wirkliche Ausmaß des Leids kann man sehr wohl Schuldige ausfindig machen. Der eine hier – der andere dort.

Das Problem der politischen Aufbereitung solcher Krisen: Der einzelne Fehler geht in seiner dramatischen Bedeutung in der Summe vieler anderer Fehler unter. Teilweise sind die Entscheider von damals nicht mehr im Amt, sie leben nicht mehr, oder die Summe zahlreicher Einzelfehler bildet eine Gesamtheit, in der irgendwie alle etwas Schuld haben und der vereinzelte Verantwortliche sich gut wegducken kann im Kreis der vielen anderen. Man ist nicht mehr exponiert und sichtbar. Wenn wir die Wirkung einer auf viele Schultern verteilten kollektiven Schuld[120] betrachten, kommt nichts mehr dabei herum. Achten Sie darauf, wenn in der Kommunikation Formulierungen auftauchen wie „Wir haben alle Fehler gemacht", „Es sind an vielen Stellen Versäumnisse sichtbar geworden", „Einen einzelnen Schuldigen gibt es nicht", „Wir müssen uns nicht nur auf einzelne Faktoren konzentrieren, sondern das Gesamtbild bewerten" – Solche Aussagen werden dann geschickt kombiniert mit Formulierungen wie: „Wichtig ist, dass wir jetzt nicht zurückschauen, sondern unseren Blick nach vorne richten." Oder: „Entscheidend ist jetzt nicht die Schuldzuweisung, sondern dass wir den betroffenen Menschen Hilfe und Unterstützung anbieten."

Das mag – politisch betrachtet – ein nachvollziehbarer Schachzug sein. Aber damit wird für die künftige Krisenkommunikation ein wichtiges Potenzial nicht gehoben: Das Lernen aus Fehlern. Denn durch die klare Identifikation von Schuldigen bekommen gegenwärtige und künftige Akteure auch ein gesundes Empfinden zur Risikoabschätzung, was ihnen blühen kann, wenn sie ihr politisches und gesellschaftliches Handeln nur an kurzfristigen und populären Maßnahmen ausrichten. Die Forderung nach Baustopps in potenziellen Hochwassergebieten lässt sich aus der Opposition heraus gut formulieren – man muss schließlich nicht die Entscheidung treffen, Menschen das begehrte Bauland zu verwehren, oder der Kleinstadt die Möglichkeiten des Zuzugs junger Familien zu verbauen. Nach der Flut kann man sich dann immer noch als Mahner, der es schon immer gewusst und gesagt hat, profilieren. Immer wieder kommt es beispielsweise vor, dass die Bundespartei zum Beispiel mehr Wasserkraftwerke fordert und der Bürgermeister derselben Partei sagt: „Gute Idee. Aber nicht hier bei uns."

Zurück zu NRW und Rheinland-Pfalz. Bei der Flutkatastrophe fielen die Sirenen aus und ebenso der komplette Digitalfunk der Feuerwehr. Was einst als gutes Konzept gedacht war, nämlich eine abhörsichere und bundesweit einheitliche Erreichbarkeit von Polizei und Feuerwehr, erwies sich hier als eine ihrer Schwächen: Die Rettungskräfte waren schlagartig

120 Die Begriffe Täterkollektiv oder Kollektivschuld wären unpräzise. Siehe hierzu juristische Definition. Der Duden gibt der Kollektivschuld einen moralischen Inhalt, der hier in meiner Nutzung nicht ausreichend konkret wäre.

stumm. Es sei denn, sie setzten auf die älteren Systeme aus Zeiten des Analogfunks. Den kann man zwar stellenweise mit alten Radios aus den 1950er Jahren noch mithören[121] – aber was soll uns daran stören, wenn die Alternative ist, dass die Rettungskräfte gar nicht mehr kommunizieren können? Denn dann stößt auch der Datenschutz an die Grenzen seiner Sinnhaftigkeit. Nach dem kalten Krieg wurden zahlreiche Sirenen abgebaut – denn auch der Betrieb von Sirenen kostet Geld und das wollte man anders nutzen, als es für die Unwahrscheinlichkeit eines Kriegsausbruchs in Deutschland zu verwenden.

Allerdings kommt auch niemand auf die Idee, im Auto die Sicherheitsgurte auszubauen und weiterzuverkaufen, weil man sie die letzten zwei, drei Jahre nicht gebraucht hat. Sicherheit kostet und Prävention ist unsexy.

Ausgerechnet dort, wo es noch Sirenen gab, konnten sie oft nicht warnen – weil der Strom bereits ausgefallen war.

Wer sich im Campingbedarf eindeckt, der findet bereits in der Preisklasse um 15 Euro herum Radios mit Handkurbel. Diese Kurbel lädt einen kleinen Akku auf, sodass das Radio eine Weile Empfang hat. Das Gleiche gibt es auch für Taschenlampen etc. Wenn dieses Prinzip der Notstromversorgung schon im einfachen Campingzubehör enthalten ist – warum haben dann komplexe Sicherheitssysteme in der Infrastruktur eines hochentwickelten Industrielandes keine ausreichende Notstromversorgung? Das Medium Radio – so unsexy es im Vergleich zum Fernsehen wirken mag – ist immer noch eine preiswerte, technisch unaufwändige und schnelle Methode der Informationsübermittlung.

Soweit die Anmerkungen zur Erreichbarkeit in der Großlage. In einer Großlage wird sofort deutlich, wie wichtig Kommunikation ist, wie sie uns Zugang zu dringend benötigten Ressourcen ermöglicht – oder ganz blockiert.

Im Großen wird das schnell nachvollziehbar und von jedermann verstanden.

Schauen wir uns die kleineren, aber nicht weniger risikoreichen Faktoren in jeder Krisenlage an, die uns in den Unternehmen und Organisationen, für die wir tätig sind, ereilen können.

Dazu genügt ein klärender Blick auf unsere Kommunikation im Alltag.[122] Dort, wo früher zum Telefon gegriffen wurde, wird jetzt eine Mail geschickt. Dort, wo eine Mail geschickt wurde, erfolgt nun eine WhatsApp. Oder eine Sprachnachricht. Einige Kolleginnen und Kollegen nutzen kein WhatsApp. Sie verwenden Telegram, Threema, Signal – oder andere Messenger-Services.

Es wird auch nicht mehr einfach angerufen, sondern zunächst per Messenger gefragt, wann man telefonieren könne. Unsere tägliche Kommunikation ist immer indirekter geworden. Andere Kolleginnen und Kollegen wiederum kommunizieren über die App, die sie gerade offen haben. Instagram zum Beispiel.

121 Als kleiner Junge habe ich, dank Opas Radio, Stunden mit dem Feuerwehrfunk verbracht. Später als Lokalreporter hatte man einen (illegalen) Funkscanner im Handschuhfach, um schneller von Einsätzen zu erfahren.

122 Vgl. dazu ausführlich: Tom Buschardt: „Warum wir Kommunikation neu lernen müssen“, VISTAS Verlag, 1. Auflage 2019, 240 Seiten, 19 Euro.

Das mag für die moderne Familienkommunikation („Abendessen heute um 18.30 Uhr") in Ordnung sein. Setzen sich derartige Verhaltensweisen in der beruflichen Kommunikation fort, ist das Desaster unaufhaltsam auf dem Vormarsch. Kommunikation ist für uns in der Regel eine Gewohnheitssache, die wir nur gelegentlich hinterfragen. Beispielsweise, wenn Konflikte zu analysieren sind, oder ein Kommunikationstraining ansteht. Wenn wir jedoch die Alltagsgewohnheiten mit all ihrer Fehleranfälligkeit und dem Mehraufwand, den die verschiedensten Kanäle bei uns verursachen, in die beruflich bedingte Krisenkommunikation übernehmen, dann wird es zuweilen eng.

In der Krisenkommunikation für ein Unternehmen wurde ich von Führungskräften auf folgenden Kanälen per Direktnachricht kontaktet: Mail, WhatsApp, Twitter, Instagram, Threema und Telefon. Telefon allerdings ohne, dass man mir dort in Abwesenheit oder während ich gerade selbst ein Gespräch führte, konsequent eine Nachricht auf der Mailbox hinterlassen hätte.

Als ich mir das in der Nachbetrachtung anschaute, kam ich zum subjektiven Eindruck, dass gut 20 Prozent meiner Arbeitszeit für die jeweilige Suche nach Informationen und die Einordnung: „Wann kam welche Information/Entscheidung zu welcher Zeit und was ist der aktuelle Stand?" aufgewendet habe. Wer jetzt argumentiert, dass ich diese 20 Prozent Mehrarbeit ja auch mit 20 Prozent mehr Honorar vergütet bekommen hätte, der verkennt völlig, dass es für den Krisenberater in einer Krisensituation nicht entscheidend sein darf, wie viele Stunden er aufschreiben kann, sondern wie schnell er die Krise in den Griff bekommt.

Die Feuerwehr belobigt man schließlich nicht dafür, dass sie möglichst viele Stunden löscht, sondern dafür, dass der Brand schneller gelöscht ist, als man dachte.

Gehen wir es der Reihe nach strukturiert an – mit klaren Empfehlungen.

Abgesehen davon, dass Telefonlisten aktuell sein müssen und – je nach Funktion der jeweiligen Person – auch Privatnummern/private Mobilfunknummern enthalten sollten, ist vor allem eine klare Telefondisziplin erforderlich, die man mit einer einfachen betriebswirtschaftlichen Analyse und gesundem Menschenverstand ohne großen Argumentationsaufwand durchsetzen kann.

1. Alle haben ihre Mailbox mit einer persönlichen Ansage aktiviert

Sie glauben gar nicht, wie facettenreich und dramatisch die Nichtbefolgung dieser einfachen Empfehlung ist. Wer in der mobilen Kommunikation bereits seit dem B-Netz oder zumindest C-Netz dabei war, der hat noch echte Telefonkommunikation zu schätzen gelernt. Eine Mailbox war damals eine kleine Sensation und keineswegs kostenlos in den Mobilfunkverträgen integriert. Was war das für eine Quantensprung in der Mobilkommunikation, als die ersten Anbieter das Abhören der eigenen Mobilbox kostenlos anboten.

Zunächst einmal das Grundsätzliche im dritten Jahrtausend: Die Mailbox ist aktiviert. Machen wir uns die Mühe und klicken uns einmal bei der Installation durch die unendlichen Menu-Abfragen des Mobilfunkanbieters. Die automatisierte Ansage: „Hier ist die Mailbox von Null, Eins, Sieben, Zwei, Zwei, Neun, Zwei, Eins…" kostet unter Druck viel Zeit und man erlangt in der Dynamik der Krisenkommunikation nicht unbedingt die Gewissheit, ob man vor lauter Stress die richtige Telefonnummer angerufen hat, wenn man vielleicht nicht am Schreibtisch sitzt, sondern im Auto unterwegs ist oder vor den Trümmern eines eingestürzten Supermarktdaches steht, unter dem noch Menschen vermutet werden.

In der Krise tauchen viele neue Telefonnummern (zum Beispiel Mobilnummern von Medienvertretern) auf, die wir nicht zuvor gespeichert haben können. Ebenfalls abzuraten ist von der teilautomatischen Ansage: „Hier ist die Vodafone Mailbox von [Name] Bitte sprechen Sie jetzt" kostet – da sie langsamer gesprochen ist als die menschliche Sprache – in der Summe unnötige Zeit.

Die Praxis ist leider, dass immer mehr Menschen nicht auf die Mailbox sprechen[123], dann auf einen Rückruf vertrauen (die Nummer steht ja im Display des Empfängers, leider nicht unbedingt, wenn sie sich gerade im Ausland aufhalten) oder dann anstelle der Mailboxnachricht eine Mail oder WhatsApp oder Telegram oder Threema .... hinterherschicken. Fakt: Die Zahl der Kontaktversuche vervielfacht sich. Oft ruft man später zurück und stellt fest, dass man soeben denjenigen anruft, dessen Mail man vor einiger Zeit bereits beantwortet hat. Andere wiederum rufen zurück, ohne die eigene Mailbox vorher abgehört zu haben. So muss man doppelt und dreifach kommunizieren.

In einem Krisenfall war ich auf der Autofahrt Köln-Hamburg gut vier Stunden nonstop am Telefon. Meine persönliche Regel zur allgemeinen Verkehrssicherheit: Ich lese keine Textnachrichten während der Fahrt (dazu halte ich alle 100km auf einem Rastplatz), höre aber nach jedem Telefonat meine Mailbox ab. Zum Glück hatte ich auf der Kundenseite einen Mailbox-affinen Auftraggeber, dem ich ebenfalls per Abwurf Informationen zukommen lassen konnte: „SAT.1 Kamerateam ist geklärt – die kommen nicht. WDR Aktuelle Stunde ist noch unklar. Gute Nachricht: BILD will die Geschichte jetzt doch nicht bringen." So sind laufende Ereignisse in Echtzeit abzuwickeln.

Darüber hinaus haben Mailboxen auch den Vorteil, dass sie mit einer entsprechenden PIN (die Sie frei wählen können) von jedem anderen Telefon aus abgerufen werden können. So können Sie auch mit einem sternförmigen System zur Entlastung der Mitarbeiter beitragen, die irgendwann schlafen müssen oder andere Dinge zu erledigen haben.

So funktioniert der Stern: Sie legen eine Mobilmailbox als Krisenbox fest. Natürlich mit einer individuellen Ansage: „Sie sind weitergeleitet worden an die Krisenzentrale der XYZ GmbH. Bitte hinterlassen Sie Ihre Nachricht, Sie werden zurückgerufen". Mitarbeiter leiten in ihrer Off-Zeit die eigene, dienstliche Rufnummer an diese Mailbox um. Die Bereitschaft hört wiederum diese zentrale Mailbox regelmäßig ab und kümmert sich um Anwohner, Presse, Politik usw. Wenn Sie sich jetzt fragen: „Wie leite ich eigentlich meine eigene mobile Rufnummer auf eine andere Nummer um"?" dann wissen Sie, woran es hakt.

2. Erreichbarkeit mit klaren Regeln

Klären Sie im privaten Umfeld klar und nachvollziehbar, wie Sie die Erreichbarkeit außerhalb der Kernzeiten sicherstellen müssen. Mein Schlafzimmer ist grundsätzlich handyfreie Zone – außer, wenn eine Krise läuft. Dann liegt auch das Mobiltelefon auf dem Nachttisch. Laut und natürlich mit aktiviertem Klingelton.

123 Keine Erfindung: „Ich spreche grundsätzlich nicht auf Mailboxen" – allerdings hinterließ dieser Mitarbeiter viele Sprachnachrichten per WhatsApp.

Selbst kleinere Kinder verstehen sehr wohl, wenn man Ihnen erklärt, dass jemand in Not ist und man eventuell helfen muss. Hier hilft es natürlich, wenn man ansonsten auch eine klare Kommunikationsstruktur vorweisen kann und nicht auf jedes noch so kleine Piepsen, Vibrieren oder Bimmeln des Handys reagiert und damit das Privatleben unterbricht. Als ich scheidungsbedingt die Jungs zum Wochenende abgeholt habe, musste ich das erst lernen: „Papa, wir möchten, dass du auch für uns da bist und nicht weiter bei deiner Arbeit bist, wenn du uns abholst." – Die Vereinbarung war dann: Lieber eine Stunde später kommen, aber dafür 100prozentig für die Kinder da sein, als diesen Übergang von kontinuierlicher Arbeit ins Privatleben hinüberzuziehen. War „Krise" angesagt, genügte auch einem 5jährigen die Information: „Da ist jemand in Not/da wurde jemand betrogen/da ist ein Unfall passiert und Papa muss helfen." Später konnte man gelegentlich durch einen TV-Beitrag oder Zeitungsauschnitt Verständnis wecken und erläutern, warum man in diesem Fall nun bereitstehen musste. Natürlich ohne den Kindern jemals Insiderinformationen aus dem Kundenbereich zu geben. Man kann ihnen aber sehr wohl erläutern: „Das, was hier in der Zeitung steht, stimmt nicht. Deshalb muss ich gleich noch ein wenig arbeiten."

Aus eigener Erfahrung weiß ich: Wenn Sie diese Situation im privaten Umfeld nicht klar kommunizieren, wird der Druck der Erreichbarkeit und einer angemessenen Reaktionszeit eine enorme Belastung für Sie sein und Sie laufen Gefahr, dass sich das wiederum auf die Qualität der Krisenkommunikation negativ auswirkt. Auch hier ist eine saubere Telefonkommunikation mit klaren Regeln und dem Vermeiden überflüssiger Doppel- und Dreifachvorgänge sehr hilfreich. Bedenken Sie: In der Krise verlangen Sie auch von Ihren Mitarbeiterinnen und Mitarbeitern deutlich mehr Engagement als in normalen Arbeitssituationen. Deshalb sollte zusätzlicher Stress vermieden werden, der sich unter Umständen auch in einer Totalblockade durch Mitarbeitende entlädt. Und Sie wiederum müssen sich nicht heimlich im Spieleland einen einigermaßen ruhigen Ort suchen, um noch schnell ein paar Mails zu checken.

3. Kommunikationskanäle für alle verbindlich festlegen

Wie oben bereits deutlich geworden sein sollte: Wir können nicht auf beliebig vielen Kanälen kommunizieren und dabei vor allem die persönlichen Bedürfnisse der Belegschaft berücksichtigen. Demokratie ist definitiv eine gute Staatsform – in der Krisenkommunikation muss sie Einschränkungen und Beschränkungen hinnehmen. Klären Sie – unter Berücksichtigung von Datensicherheit und Funktionalität – welche Kanäle Sie für die Krisenkommunikation nutzen. Nicht immer ist eine WhatsApp-Gruppe die beste Lösung – aber zuweilen passt es doch. Und ja: Jeder hat die Funktion aktiviert, dass man gelesene Nachrichten auch erkennbar für den Absender markieren lässt. Während der Krise ist das hilfreich!

Wenig hilfreich ist es, wenn Diensthandys oder Dienstlaptops technische Restriktionen aufweisen, welche die Kommunikation entsprechend einschränken. Wer beispielsweise erst bei der ersten Videokonferenz bemerkt, dass die EDV die Kamera im Laptop deaktiviert oder gar ausgebaut hat, der ist hoffnungslos im Nachteil. Achten Sie bei der Nutzung derartiger Gruppen-Kanäle auf die Wortwahl. Auch wenn Sie offen kommunizieren müssen – ein Screenshot ist schnell gemacht und an die Presse gegeben, wenn sich jemand dramatisch im Ton vergreift, sich über besorgte Bürger lustig macht oder auf eine andere Art kommunikativ über die Stränge schlägt.

4. Richtiger Umgang mit Sprachnachrichten

Radiojournalisten sind es gewohnt, komplexe Sachverhalte in 40-70 Sekunden zusammenzufassen. Derartige Kurz-Stücke nennt man im Journalisten-Jargon „Nachrichtenminute". Das gelingt den meisten Menschen beim Übermitteln einer Sprachnachricht in der Regel nicht. Diese Audiodateien sind voller Dopplungen, erneuten Zusammenfassungen und rhetorischer Schleifen, weil man nichts vergessen möchte und in der Regel die Sprachnachricht, sobald man den „Knopf" loslässt, auch sofort verschickt werden. Manche lassen sich sogar ablenken beim Sprechen („Moment, es klingelt gerade an der Tür."), was die Sprachnachrichten für die Empfänger zur Zumutung macht. Darüber hinaus haben sich Sprachnachrichten nicht bewährt, wenn es mehr als einen Handlungsstrang zu kommunizieren gibt. Hier sind Textnachrichten deutlich besser, weil der Empfänger sie so zur Kenntnis nehmen kann, wie er es benötigt, und nicht zuweilen minutenlang zurückspulen muss (wissen alle, dass die Telefonmailbox 30 Sekunden zurückspringt, wenn man die „1" drückt?), um sich diese Infos noch einmal anhören zu können.

Ferner: Gelesener Inhalt wird vom Gehirn intensiver verarbeitet als gehörter Inhalt. Es ist anstrengender fürs Gehirn – aber effektiver für uns. Die Sprachnachricht dient nur dem Sender: Es ist einfacher zu sprechen als zu schreiben. Für den, der sie bekommt, ist sie jedoch langsamer aufzunehmen, als wenn er die Inhalte lesen kann. Faustregel: Die Lesegeschwindigkeit im Vergleich zum Hören des gesprochenen Wortes ist auch für ungeübte Leser dreifach so schnell. Bei geübten Menschen, die ohnehin täglich viel Text lesen müssen (Mails, Präsentationen, Konzepte usw.) ist sie folglich deutlich höher. In der Summe kann das an einem Tag nennenswerte Ressourcen schaffen – oder verbrennen, wenn Sprachnachrichten unstrukturiert aufgenommen und verschickt werden.

Geben Sie dem Live-Telefonat den Vorzug. Rückfragen sind möglich, Stimmungen werden wahrgenommen, können direkt hinterfragt und aufgefangen werden. Sie können auch direkt unterbrechen, wenn ein Sachverhalt unklar ist und direkt klären. Wenn Sie Ergebnisse festhalten oder sich rechtlich absichern müssen, schicken Sie eine Mail hinterher.

Bedenken Sie bitte auch: Sprachnachrichten können ebenso weitergeleitet werden wie Fotos und Texte. Ein weiterer Aspekt: Wenn Anwälte sich in die Unternehmenskommunikation einarbeiten müssen, treiben die vielen archivierten Sprachnachrichten, die man den Juristen ebenfalls zur Dokumentation weiterleiten muss, die Kosten enorm in die Höhe.

Natürlich ist eine Sprachnachricht auf einer Mailbox technisch zunächst gleichzusetzen mit einer Sprachnachricht per WhatsApp – jedoch können sie diese von einer Telefonmailbox nicht mal eben mit zwei Klicks an die Presse oder andere Empfänger weiterleiten. Der Aufwand ist hier deutlich höher.

Krisen verschlingen Geld und Ressourcen. In Unternehmen sind Ressourcen nun einmal Geld und wenn Sie durch Nachlässigkeiten in der Kommunikation Ressourcen anderer Menschen und anderer Abteilungen verbrauchen, so sind es dennoch Kosten, die dem Unternehmen entstehen. Denken in Kostenstellen hilft da nicht weiter: Egal aus welchem Topf überflüssige Kosten entstehen – am Ende ist es Company-Geld.

Falls es noch nicht deutlich wurde: Ich bin ein klarer Gegner von Audionachrichten per Messenger-Service. Nehmen wir eine WhatsApp-Gruppe. Dort kommunizieren beispielsweise fünf Entscheiderinnen und Entscheider aktiv miteinander, die Assistenz liest überwiegend nur mit, um über die Abläufe informiert zu sein. Im Grunde genommen praktisch. Nun hinterlässt jemand eine dreiminütige Nachricht. Die haben Sie schnell zusammen, denn geschrieben ist das nicht viel Text. Das macht bei 9 Empfängern fürs Abhören 27 Arbeitsminuten, zwei von diesen 9 werden gestört beim Abhören und müssen zur Sicherheit einen Aspekt noch einmal abhören – runden wird deshalb mal auf 30 Arbeitsminuten auf. 3 Minuten gesprochener Text sind bei normalem Sprechtempo 45 Zeilen Text in einer Schreibmaschinenschrift[124], die in gut 30 Sekunden gemütlich gelesen werden können. Wir haben nun beim geschriebenen Text, den 9 Mitarbeitende lesen müssen weniger als 5 Minuten Arbeitszeit verbraucht (9 x 30 Sekunden = 4,5 Minuten) im Vergleich zu 30 Minuten beim Abhören. Also nur ein Sechstel. Das ist ein alberner Vergleich? Rechnen Sie es konsequent auf die Dauer einer Krise und den erhöhten Kommunikationsaufwand hoch.

Oder noch besser:

Ein Kommunikationsberater kommt zu Ihnen und sagt: „Ich habe hier ein ganz hervorragendes System für die betriebliche Krisenkommunikation. Die beiden wesentlichen Hauptmerkmale: Es verbraucht das Sechsfache an Zeit bei gleichzeitig erhöhter Fehleranfälligkeit für Missverständnisse, die höchstwahrscheinlich zum Nachteil Ihres Unternehmens sein werden."

Übernehmen Sie das System, oder schmeißen Sie ihn achtkantig raus?

Denkanstöße

1. *Wenn hier ein aufgeführter Punkt auf Sie zutreffen sollte: Stellen Sie ihn ab und sorgen Sie dort, wo Sie darauf Einfluss nehmen können, dafür, dass sich auch andere daranhalten.*
2. *Falls mehrere Punkte auf Sie und/oder Ihre Organisation zutreffen, stellen Sie es schnellstmöglich um. Oder spielen Sie stattdessen lieber Russisches Roulette – dort sind Ihre Überlebenschancen höher als in einer wirklichen Krise, die so richtig hochkocht.*
3. *Trainieren Sie die kommunikativen Verhaltensweisen auf jeden Fall im normalen Berufsalltag – selbst, wenn es unbequem ist und Widerstände auslöst. Sie bekommen das in einer dynamischen Krise nicht mehr umgestellt.*
4. *Stellen Sie sich vor, Sie hätten mitten in der Hochphase der Krise eine Zeitspanne von 120 Minuten, die Sie entweder zur Entspannung oder zum Sortieren eines klaren Gedankens geschenkt bekommen – allein dafür hätte sich der Aufwand schon gelohnt, oder?*

124 Beispielsweise eine Courier, 12 PT. Dies ist eine Nicht-Proportionalschrift, wo jeder Buchstabe den gleichen Platz verbraucht. Man rechnet hier 15 Zeilen pro Minute.

6. Die Axiome des Paul Watzlawick und der Brand im Chemiebetrieb

Axiom 1: „Man kann nicht nicht kommunizieren"

Meine Güte, wie oft habe ich diesen Satz des österreichischen Philosophen, Psychotherapeuten und Kommunikationswissenschaftlers Paul Watzlawick[125] schon in Vorträgen gehört. Teils gut eingebaut in gute Vorträge, teils als plumpen Einstieg in mittelmäßige Vorträge voller Allgemeinplätze. Dennoch: Diese Aussage ist eins der fünf Axiome[126], mit denen er die Grundsätze der Kommunikation beschreibt. Schauen wir uns alle fünf einmal kurz an – zur Vorbereitung auf das, was ich gerne als sechstes Axiom hier ergänzen möchte, und als Refresher für alle, die schon mal davon gehört haben, aber nicht mehr alle fünf aus dem Stegreif zusammen bekommen.

Das erste Axiom („Man kann nicht nicht kommunizieren") ist mit der Beschreibung einer Standard-Übung aus dem Kommunikationstraining für Jugendliche oder Einsteiger schnell vermittelt. In der Regel verstehen wir unter Kommunikation eine verbale oder schriftliche Ausprägung der Kommunikation. Man setzt nun zwei Menschen auf Stühlen gegenüber. Sie haben nichts zu schreiben dabei und dürfen nicht sprechen. Die anderen beobachten, was die beiden machen. Und man stellt fest: Es gibt sehr wohl eine Kommunikation miteinander. Mimisch, mit Gesten, durch verlegenes Herumrutschen auf dem Stuhl. – Nach einer Weile fängt in der Regel einer der beiden an zu lachen, oder zumindest zu lächeln. Man mag sich nicht minutenlang in die Augen zu schauen, ohne etwas anderes dabei zu tun. Und selbst, wenn keiner der beiden auch nur eine Miene verzieht: Auch das ist ein Zeichen an das Gegenüber.

Dass man beispielsweise nicht bereit ist, sie/ihn anzulächeln, ist eine Information. Somit ist auch jedes „like" in sogenannten sozialen Medien eine kommunikative Interaktion: Ich habe dein Posting gesehen, es gefällt mir, ich denke an Dich. In der logischen Konsequenz ist ebenso die Wahl der Kleidung eine Form der Kommunikation: Ich bin bereit/ich bin nicht bereit, mich den Erwartungshaltungen der anderen anzupassen oder auch nicht. Wer beispielsweise mit einem Baseball-Käppchen zum Familien-Weihnachtsessen erscheint und sich damit an den Tisch setzt, kommuniziert auch klar, was er von der „Veranstaltung" hält. Wer es nicht kommentiert und dazu schweigt, kommuniziert auch sehr deutlich zum eigenen Umgang mit konfliktträchtigen Situationen, beziehungsweise über die eigene Konfliktfähigkeit. Krawatte beim Pressetermin, oder nicht? Kleid oder Hosenanzug? Schulterfrei im Sommer oder kurzärmliges Hemd unter dem Sakko[127]? Auf den Punkt: ALLES ist auf seine eigene Art eine Form der Kommunikation.

125 1921 bis 2007, Autor des Bestsellers: „Anleitung zum Unglücklichsein" (1983).
126 Axiom = gültige Wahrheit, die keines Beweises bedarf.
127 NEIN!

Axiom 2: „Jede Kommunikation hat einen Inhalts- und einen Beziehungsaspekt"

Dieses Axiom ist eine logische Folge aus dem ersten Axiom. Denn: Wenn selbst die Wahl des Outfits eine Form der Kommunikation ist (beispielsweise im Beziehungsaspekt zu den Konventionen, innerhalb derer eine Kommunikation zu erfolgen hat), dann ist es logisch, dass nicht nur Zahlen, Daten, Fakten ein Bestandteil der Kommunikation sind. In der Krisenkommunikation, wo wir es vor allem auch mit zahlreichen Emotionen zu tun haben, ist vor allem dieser Beziehungsaspekt nicht zu unterschätzen. Wenn beispielsweise Sachargumente abgewertet werden, weil man denjenigen, der sie vorträgt, nicht leiden mag. Weil man die Organisation, die sie vertritt, politisch oder gesellschaftlich nicht schätzt – immer dann blockiert man sich, zur Erkenntnis zu reifen, wogegen neutrale Zuschauerinnen und Zuschauer das sehr wohl können. Wenn Argumente, Kritik und Sachaussagen nachvollziehbar, schlüssig und stimmig sind, dann sollte man selbst auch in der Lage sein, diese Erkenntnisse zu erlangen. Ein Beispiel: Auf einer Deponie kommt es vereinzelt zu sogenannten Fehlwürfen. Es ist unklar, ob fahrlässig oder mit Vorsatz. Die Rechtslage ist eindeutig: Das Zeug muss wieder weg und fachmännisch entsorgt werden. Die Bürgerinitiative hat sich jedoch bisher – aus Unternehmenssicht – als unsachlich und polemisch gezeigt. Nun fordert die Bürgerinitiative: „Das Zeug muss dort wieder weg und fachmännisch entsorgt werden." Was ist denn daran falsch?

Aber wehe, wenn der Betreiber der Deponie aus dem Ruder läuft und öffentlich in den Medien als Geschäftsleitung erklärt: „Wir lassen uns von einem pensionierten Lateinlehrer, der hier in seiner Freizeit eine kleine Bürgerinitiative leitet, nicht vorschreiben, was wir als Konzern zu tun haben."

Dann darf man sich auch nicht wundern, wenn die Schrapnelle in Kopfhöhe detonieren.

Axiom 3: „Kommunikation ist immer Ursache und Wirkung"

Vor allem dieses Axiom wird gerne und häufig falsch interpretiert oder verkürzt zu „Kommunikation ist das, was ankommt." Als PR-Aussage von Werbe- und PR-Agenturen mag das funktionieren, wenn man die eigene Leistungsfähigkeit der angestellten Kommunikatorinnen und Kommunikatoren betonen möchte. Im Alltag könnte man das – nicht ganz gendergerecht im 3. Jahrtausend – auch so zusammenfassen, dass bei der Kommunikation immer die Frau gegen den Mann gewinnt.

Mann: „Das habe ich nicht gesagt." Frau: „Das ist bei mir aber so angekommen." – Punkt für die Frau. Nächste Variante. Mann: „Das ist bei mir aber so angekommen." Frau: „Dann musst du besser zuhören." – Punkt für die Frau.

Aber jetzt mal Spaß beiseite: Wer behauptet, dass Kommunikation nur das ist, was auch ankommt, schiebt jedes Versäumnis beim aufmerksamen Zuhören dem Sender in die Schuhe. Der Empfänger lehnt es damit ab, die Fehleranalyse auch einmal über seine Wahrnehmung der Kommunikation laufen zu lassen. Das ist unfair und fachlich ein Desaster.

Ich habe in diesem Buch ein Beispiel angeführt, wie ich als damaliger Geschäftsführender Gesellschafter einer PR-Agentur sehr wohl darauf gesetzt habe, dass meine präzise Aussage zu einer Krisensituation höchstwahrscheinlich zu meinen Gunsten missverstanden werden würde, und ich dadurch einen Vorteil erlangt habe. In diesem Fall ist es Taktik.

Aber wenn ich klar formuliere: „Wir werden uns bis Ende des Monats der Sache annehmen und am 31. einen Lösungsvorschlag vorlegen, den wir mit dem Betriebsrat diskutieren werden", und jemand macht daraus in seiner Wahrnehmung: „Wir werden dem Betriebsrat keinen Lösungsvorschlag unterbreiten," dann liegt der Fehler nicht beim Sender, sondern beim Empfänger. Und in solchen Fällen bin ich als Sender nicht dafür verantwortlich, dass der Empfänger es nicht verstanden hat. Wenn ich aber formuliere: „Wir werden in den nächsten Wochen sehen, was sich daraus ergibt", darf ich mich anschließend auch nicht darüber beschweren, dass eine derartige Aussage anders interpretiert und mir das eher negativ ausgelegt wird.

Aus der Logik des Axioms 1 von Watzlawick ergibt sich auch hier die Logik des Axioms 3: Denn wenn alles Kommunikation ist, dann erfolgt logischerweise auch stets eine Reaktion auf den Reiz bereits erfolgter Kommunikation.

Watzlawick verdeutlicht dies mit dem Beispiel einer nörgelnden Ehefrau, die ihrem Mann vorwirft, er würde sich ständig zurückziehen. Dieser ziehe sich jedoch zurück, weil sie ständig an ihm herumnörgelte. Halten wir Watzlawick zugute, dass er diese Axiome im Jahr 1969 schrieb und in seiner Generation (geboren 1921) kritische Ehefrauen noch mit „nörgeln" klassifiziert wurden.

Aber wir kennen das Phänomen aus einer Alltagssituation, die wir alle mehr oder weniger schon einmal erlebt haben. Wir haben etwas gesagt und jemand anders reagiert darauf mit dem Satz: „Warum bist du denn so aggressiv?" Antwort: „Ich bin nicht aggressiv." Replik: „Doch, ich spüre doch, dass da eine passive Aggressivität bei dir mitschwingt in dem, wie du das sagst." – Und schon geht der Teufelskreis los. Garantiert sind Sie am Ende aggressiv. So oder so: Entweder, weil Sie es wirklich bereits bei Ihrer ersten Wortmeldung waren, oder spätestens nach der Diskussion, die Sie inzwischen über Aggressivität führen mussten.

Axiom 4: „Menschliche Kommunikation bedient sich analoger und digitaler Modalitäten"

Hier muss man berücksichtigen, dass Watzlawick unter „digitalen Modalitäten" das gesprochene Wort bezeichnet, was in unserer heutigen Zeit vermutlich nicht mehr „digital" nennen würde.

Watzlawick im Original:

> „Die digitale Kommunikation verfügt über eine komplexe und logische Syntax, entbehrt aber auf dem Gebiet der Beziehungen einer Semantik. Die analoge Kommunikation verfügt über ein solches semantisches Potenzial auf dem Gebiet der Beziehungen, entbehrt aber einer Syntax, die eine eindeutige Definition der Natur von Beziehungen leisten könnte. Mit analogen Elementen wird häufig die Beziehungsebene vermittelt, mit digitalen die Inhaltsebene."[128]

Kurz und im Klartext: Stimme, Mimik und Gestik bilden die Beziehungsebene und das gesprochene Wort die Sachebene. Vorsicht vor der Fehlinterpretation der Mehrabian-Regel[129] in diesem Zusammenhang. In der Anwendung für die Krisenkommunikation genügt es völ-

128 Zitiert nach S. Bender auf paulwatzlawick.de.

129 Vgl. Kapitel „Missbrauch der 7-38-55-Regel", S. 122 in diesem Buch.

lig, sich zunächst bewusst zu machen, dass diese beiden Faktoren bestehen und die Wahrnehmung unserer Kommunikation bei anderen entsprechend beeinflusst. Schwierig wird es lediglich für die schriftliche Kommunikation, weil hier die Aspekte, die durch Körpersprache, Mimik und Stimme vermittelt werden könnten, absolut fehlen. Hier müssen dann entsprechende einordnende Formulierungen eingebaut werden. Beispielsweise „Vorstandsvorsitzender XYZ zeigte (sich) gegenüber der Belegschaft gesprächsbereit/offen für Kritik/seine eigene emotionale Betroffenheit". Oder diese Wertungen müssen im Hintergrundgespräch mit den Medien besonders deutlich hervorgehoben werden, damit alle die gewünschte Emotionalität wahrnehmen und im Optimalfall auch in ihrer Berichterstattung berücksichtigen.

Axiom 5: „Kommunikation ist symmetrisch, oder komplementär"

Watzlawick geht von der Annahme aus, dass Beziehungen zwischen Gesprächspartnern entweder auf Gleichheit oder Unterschiedlichkeit bestehen. So weit, so gut. In der Symmetrie streben beide nach Gleichheit, bzw. Verminderung von Unterschieden, wogegen bei einer komplementären Beziehung es einen superioren und einen inferioren Partner gäbe. Im Optimalfall würden sich beide Seiten entsprechend ergänzen. Für die Krisenkommunikation bedeutet es ein enormes Risiko, wenn eine symmetrische Eskalation eintritt (beispielsweise bei entsprechenden Egos der beteiligten Akteurinnen und Akteure, oder getrieben durch enormen öffentlichen/medialen Druck, befeuert durch die Dynamik der Krise, die zu diesem Zeitpunkt unkontrollierbar wirkt). Die Gesprächspartner beeinflussen sich gegenseitig – bis hin zu einem Wechselverhältnis, das absolut paradox anmutet. Beispielsweise: Ein Unternehmen hat eine Zentrale und zwei Produktionsstandorte. Zu welchen der beiden Produktionsstandorte fährt der CEO zuerst, wenn es ernst wird? Fährt er zu A, fragt sich jeder bei B, ob man bereits abgeschrieben sei. Fährt er zunächst zu B, hat er das gleiche Problem bei A. Schickt er seinen CFO zu einem der beiden Standorte und er übernimmt den anderen, hat er das gleiche Problem: Wieso fährt der CEO zu A und wir von B bekommen nur den CFO? Es ist die Wahl zwischen Pest und Cholera: Wie man es anpackt – es gibt so oder so Theater. Will man es mit einer Videokonferenz lösen, die zeitgleich an beide Standorte übertragen wird, hat er das Problem an beiden Standorten gleichermaßen: „Wieso macht er das per Video und traut sich nicht an den Standort?" – Eine hervorragende Definition eines Teufelskreises.

Politiker, die beispielsweise über die Evakuierung eines Landkreises entscheiden müssen, weil die Wetterwarnungen Übles vermuten lassen, eignen sich gut als Beispiel zu diesem Teufelskreis: Warnen Sie vorschnell und nichts passiert, werfen die Medien ihnen höchstwahrscheinlich „Panikmache" vor. Warnen sie zu spät oder gar nicht, erhalten Sie das Prädikat „Staatsversagen". Sie sehen: manchmal muss man Dinge einfach mal machen und darauf vertrauen, dass die Entscheidung richtig war. Je mehr wir uns davon abhängig machen, wie die kurzfristige Bewertung des Sachverhaltes ausfallen könnte, desto kurzsichtiger sind zuweilen auch Entscheidungen, die getroffen werden. Das gilt für Manager mit Quartalsboni genauso wie für Politiker kurz vor den Wahlen.

Nun möchte ich an dieser Stelle die fünf Axiome von Paul Watzlawick um mein persönliches ergänzen, was sich aus den Axiomen zwei, drei und vier speist:

Axiom 6: „Du kannst nicht nicht beeinflussen/manipulieren"

Ich behaupte, dass Sie in der Kommunikation, Krise oder nicht, mit diesen beiden hinkommen: Watzlawick: „Du kannst nicht nicht kommunizieren" und Buschardt: „Du kannst nicht nicht beeinflussen." Schauen wir uns das in einem Beispiel an: Sie treffen eine Kollegin auf dem Flur und grüßen. Sie grüßt zurück – weil Sie von Ihnen beeinflusst wurde. Wenn Sie nun sagen: Gut, ich möchte niemanden beeinflussen, folglich grüße ich auch nicht mehr, haben Sie die Kollegin auch beeinflusst. Nämlich negativ. Sie wird sich fragen: Warum werde ich nicht mehr gegrüßt? Was habe ich falsch gemacht? Bin ich in Ungnade gefallen? – Was das für die Arbeitsmoral verrät, wird deutlich.

Für Unternehmen ist es enorm wichtig, die öffentliche Meinung früh zu prägen, bevor andere es tun. Klar im Vorteil sind dabei jene Unternehmen, die schnell, verständlich, präzise und effektiv kommunizieren: Die Wahrscheinlichkeit, die öffentliche Meinung zu ihren Gunsten zu beeinflussen, steigt überproportional zum eigentlichen Aufwand, der dafür betrieben werden muss. Wie wichtig ein schnell und effektiv vorgenommener Spin ist, sehen Sie am folgenden Beispiel[130]. Stellen Sie sich folgende Situation vor und achten auf die Details:

Zwei Menschen stehen an einer roten Ampel.

Es nähert sich ein Einsatzfahrzeug[131] mit Martinshorn und Blaulicht.

Der eine denkt: „Da ist etwas passiert."

Der andere denkt: „Da wird jemandem geholfen."

Wer hat Recht?

Ganz einfach: Beide! Jetzt wird es schwieriger: Stellen Sie sich vor, zehn andere Menschen stehen teilnahmslos herum und starren in ihre Mobiltelefone oder sind auf eine andere Art gerade geistig weggetreten. Ansonsten bleibt die Situation unverändert.

Der eine denkt: „Da ist etwas passiert."

Der andere denkt: „Da wird jemandem geholfen."

Wer *bekommt* Recht von den meisten der zehn anderen, die sich noch nichts dabei gedacht haben und deren Meinungsbildung noch nicht erfolgt ist?

Das ist schon schwieriger zu bewerten, denn es bleibt ja dabei, dass beide – trotz unterschiedlicher Schlussfolgerungen – im Recht sind. Was muss passieren, damit sich eine Mehrheit bildet? Einer der beiden muss seinen Standpunkt *verbal* äußern. In kurzen, einfachen, aber prägnanten Worten. Beispielsweise indem er sagt: „Da wird jemandem geholfen." – Das ist so logisch und nachvollziehbar, dass höchstwahrscheinlich die neutralen zehn Passanten mit Mobilfunkgerät auf diese Einschätzung einschwenken würden. Selbst dann, wenn sie mehrheitlich eher zu „da ist was passiert" neigen würden. Beispielsweise falls eine stabile Mehrheit 11 gegen 1 zugunsten von „Da ist etwas passiert" besteht: Solange die 11 anderen das nicht aktiv untereinander kommunizieren, wird der optimistische

130 Aus: Tom Buschardt: „Warum wir Kommunikation neu lernen müssen", VISTAS Verlag, 1. Auflage 2019, 240 Seiten, 19 Euro.

131 Polizei, Feuerwehr, Notarzt, Gaswerke, Feldjäger, THW – egal!

Wortführer („Da wird jemandem geholfen") höchstwahrscheinlich zum Meinungsführer und prägt damit die endgültige Einschätzung der Gruppe, denn Menschen neigen (leider) dazu, sich der Mehrheitsmeinung anzuschließen. Und es ist leichter, sich einer bereits geäußerten Meinung anzuschließen, als zu widersprechen, um sich zu positionieren. Menschen möchten eher zu einer Gruppe gehören, als alleine Meinungen zu vertreten, für die es (scheinbar) keine Mehrheiten gibt.

Wir müssen uns bewusst machen, dass der Optimist („Da wird jemandem geholfen"), genau so in der Logik und Selbstverständlichkeit seiner Welt verhaftet ist wie der Pessimist („Da ist etwas passiert").

Für den Optimisten ist die Wahrnehmung der Situation absolut selbsterklärend und bedarf keiner Diskussion. Ebenso jedoch für den anderen an der Ampel. Wir erinnern uns: Es steht in der zweiten Variante des Beispiels 11 zu 1 zugunsten des Pessimisten.

Jetzt spricht der Optimist, versäumt es jedoch, die Wertung in die Situation einzubringen: „Oh, da fährt ein Einsatzfahrzeug von links nach rechts mit Blaulicht und Martinshorn." Damit gibt er – obwohl er meint, mit der Nutzung der reinen Sachebene entsprechende Glaubwürdigkeit zu vermitteln – das Zepter komplett aus der Hand. Entweder schauen die anderen nur und bleiben neutral – oder sie erhalten nicht die Möglichkeit, ihre Sichtweise zu verändern. Selbst wenn wir unter den Neutralen noch einige Optimisten beimischen würden: Auch diese brauchen die verbal geäußerte Aussage „Da wird jemandem geholfen", um sich der Richtigkeit der eignen Position vergewissern zu können. Nur der, der spricht, hat die doppelte Chance: Er kann die Gleichdenkenden in ihrer Position bestätigen und den Andersdenkenden einen attraktiven Impuls anbieten, die Wahrnehmung der Situation zu korrigieren.

Selbst beim Kauf eines Toasters steht in der Bedienungsanleitung (wer benötigt eigentlich für einen Toaster eine Bedienungsanleitung?) vorne im ersten Absatz: „Herzlichen Glückwunsch zum Kauf dieses Toasters". Sie sollen schließlich in Ihrer Entscheidung bestätigt werden. Das sichert emotionales Vertrauen. Und was ist wichtiger in der Krise als emotionales Vertrauen, welches die Öffentlichkeit uns entgegenbringt?

Version 1:

„Wir haben 8 Minuten nach Ereigniseintritt die eigenen Kräfte mobilisiert und auch externe Kräfte hinzugezogen. Nach 20 Minuten war der Brand unter Kontrolle. Die Folgen des Brandes sind zwei Leichtverletzte. Die Bevölkerung wurde gewarnt und aufgefordert, Türen und Fenster geschlossen zu halten."

Version 2:

„Wir haben schnellstmöglich die eigenen Kräfte mobilisiert und vorsorglich externe Kräfte der Berufsfeuerwehr hinzugezogen. Bereits nach zwanzig Minuten war der Brand durch die Werksfeuerwehr vollständig unter Kontrolle. Die Berufsfeuerwehr konnte sich auf Luftmessungen konzentrieren und hat die Werkskräfte bei den Sicherungsmaßnahmen unterstützt. Durch das schnelle Eingreifen der eigenen Kräfte wurden nur zwei Mitarbeitende leicht verletzt und mit dem Verdacht auf eine leichte Rauchvergiftung vorsorglich ins Krankenhaus gebracht. Wir sind mit den Gedanken bei unseren Kolleginnen und Kollegen und zuversichtlich, dass sie schon bald wieder aus dem Krankenhaus entlassen werden können.

Durch die gute Zusammenarbeit mit den Behörden konnte die Bevölkerung rechtzeitig gewarnt werden, sodass – nach Einschätzung neutraler, externer Experten – von einer Gesundheitsgefährdung nicht ausgegangen werden kann/eine Gesundheitsgefährdung ausgeschlossen ist."

Natürlich haben Sie in der Version zwei deutlich mehr Text. Aber die Vermittlung reiner Zahlen, Daten, Fakten führt noch längst nicht zu der Interpretation wie Sie es als Führungskraft eines Chemiebetriebes gerne hätten. Zu Ihren Aufgaben mag es gehören, die Risiken richtig einzuschätzen – aber von der Bevölkerung oder den Medien können Sie das nicht unbedingt wie selbstverständlich erwarten.

Zwanzig Minuten sind zunächst einmal nur zwanzig Minuten.

Zwischen „es hat dort fast eine halbe Stunde lang gebrannt" und „wenn wir nicht so schnell gewesen wären, hätte es hier ausgesehen wie Bagdad am 17. Januar 1991" ist nun einmal ein breiter Spielraum.

Wenn Sie ohnehin und unvermeidbar mit Ihrer Kommunikation beeinflussen – dann beeinflussen Sie doch direkt zu Ihren Gunsten.

Denkanstöße

1. *Testen und üben Sie den Umgang mit diesen Punkten in Alltagssituationen.*
2. *Analysieren Sie Situationen aus Beruf und Privatleben, die nicht rund kommuniziert waren, auf eventuelle Fehlfunktionen oder falschen Umgang mit den in diesem Kapitel aufgeführten Punkten.*

7. Missbrauch der 7-38-55-Regel

An dieser Stelle folgt ein wenig Bashing meiner Zunft, verbunden mit einer Bullshit-Warnung.

Sehr gerne wird in Vorträgen, Handouts und Coachings eine sogenannte 7-38-55 Formel vermittelt, nach der die Empfänger einer Information sich nur zu 7 Prozent auf den sprachlich vermittelten Inhalt konzentrieren, zu 38 Prozent die Stimme einen Einfluss hat und zu 55 Prozent die Körpersprache und Mimik ihre Wirkung entfalten. Urheber dieser Wirkformel ist Albert Mehrabian, ein emeritierter US-amerikanischer Psychologe und Professor der University of California in Los Angeles, der dies in einer Untersuchung 1971 nachwies, abschließend in einem Buch „Silent Messages" im Folgejahr veröffentlichte und somit einer breiten Öffentlichkeit bekanntmachte. Um es kurz vorwegzunehmen: Mehrabian hat absolut Recht – und die Kommunikations-Coaches, die diese Formel nutzen, Unrecht.

Man muss sich nur genau anschauen, was Mehrabian wirklich untersucht hat, und was die Coaches daraus im Laufe der Zeit gemacht haben.

In der Regel löst diese Formel bei Seminarteilnehmenden Erstaunen aus – aber sie klingt plausibel. Haben wir nicht alle schon einmal gehört, dass die Form wichtiger sei als der Inhalt? Kennen wir es – insbesondere – nicht ausgerechnet vom Top-Medium Nummer Eins, dem Fernsehen? Haben wir nicht selbst schon erfahren, dass wir nach einem Vortrag als erstes die Rückmeldung bekommen: „Dein Kleid/Dein Anzug sah gut aus", „Du machst immer so eine Bewegung mit den Händen" oder „Lächle doch mal etwas öfters und sprich ein wenig deutlicher und lauter"? Natürlich. Denn das ist das leichteste Feedback, was man uns nach einem öffentlichen Auftritt von einem Nicht-Kommunikations-Coach geben kann. Und vor allem: Man muss nicht in eine inhaltliche Debatte einsteigen. Und jetzt das, als hätten wir es immer schon geahnt: Nur 7 Prozent Inhalt. Meine Güte, wie oberflächlich scheint unsere Welt.

Und: Merkte man bei der falsch ausgestrahlten Neujahrsansprache des damaligen Bundeskanzlers Helmut Kohl nicht erst an der Farbe der Krawatte, dass jemand (versehentlich?) in der ARD die falsche Aufzeichnung aus dem Vorjahr zur Ausstrahlung gebracht hatte?[132] Weil ohnehin niemand auf den Inhalt achtet? Es mag für eine Neujahrsansprache richtig sein, denn diese gelten in der Regel nicht als bahnbrechende Breaking-News, wo man besser einmal genau hinhört.

Aber fragen Sie sich einmal, was das für Coaches bedeutet: Wenn es tatsächlich nur um 7 Prozent Inhalt gehen würde, könnte man sich vor allem die ganze Vorbereitungszeit für Medien-, Präsentations- und Kommunikationstrainings sparen. Dabei nehmen wir schon Tagessätze, die auf den ersten Blick als hoch und erst nach guter Arbeit als angemessen bezeichnet werden. Ein wenig Gestik, ein paar Tricks für die Mimik, Grundlagen bei den

132 Das war 1986. Die ARD entschuldigte sich und sendete die korrekte Fassung an Neujahr – erzielte damit für eine Ansprache des Kanzlers eine Rekordeinschaltquote von über 7 Millionen Zuschauern und lag damit noch zwei Millionen über der korrekten Erstausstrahlung im ZDF. Quelle: Die WELT vom 31.12.2011 „War es Sabotage?" – anlässlich des 25jährigen Jubiläum der TV-Panne.

Beinen und Füßen und noch ein paar Kleidertipps – fertig. Einfacher könnte man sein Geld nicht verdienen. Und vor allem: Ich müsste mich nicht für Montag in Gentechnik, für Dienstag in die Verbindungen von Abwasserrohren, für Mittwoch in den Straßenbau, für Donnerstag in Außenpolitik und für Freitag in Robotik einarbeiten und nebenbei noch die Themen der Folgewoche schon mal in den Medien mitverfolgen.

Nur 7 Prozent Inhalt – das wäre wie Rente in Florida bei vollen Bezügen.

Gerne schreiben Coaches die 7-38-55-Regel von anderen Coaches ab, oder nehmen es ins Handout auf (oftmals ohne Quellenangabe der Ursprungsinformation), weil ein Seminarteilnehmer es in der Gruppe angesprochen hat. Dabei wird ein kleines, aber wichtiges Detail stets übersehen: Mit welchen Aussagen hat Mehrabian diese Untersuchung eigentlich geführt?

Nun, dazu genügt es, einen einzigen Satz aus der Untersuchung zu kennen:

„Schön, dass Du da bist."

Dass ich „da" bin, weiß ich selbst. Dieser Teil der Information bedarf also keiner Überprüfung durch Mimik, Gestik oder Körpersprache. Dass „ich" es bin, ist mir ebenfalls bewusst, denn mein Gegenüber spricht mich schließlich soeben an. Die entscheidende Wertung liegt im ersten Wort: „Schön." – Bei dieser Information ist der Wahrheitsgehalt ausschließlich (!) über Stimme und Körpersprache als Gesamtheit überprüfbar, weshalb diesen beiden Faktoren eine entsprechende Bedeutung zukommen muss. Anders funktioniert es nicht. „Schön" ist das Wort, welches diesem Satz die Wertung und damit seine eigentliche Bedeutung gibt. „Schön" ist immer (!) subjektiv und bedarf deshalb zur Entfaltung seiner ganzen Überzeugungskraft vor allem Mimik, Gestik und Körpersprache.

Weil es aber so schön ins Konzept vieler Coaches passt, wird dieses entscheidende Detail gerne weggelassen.

Ein ehemaliger Seminarteilnehmer schickte mir dazu die schriftliche Aussage einer anderen Trainerin: „Diese Regel wird in der Fachwelt kontrovers diskutiert, ich bin aber von der Richtigkeit und Sinnhaftigkeit überzeugt."

Interessanter Ansatz. Treu dem Motto: ‚Es mag zwar umfassend erwiesen sein, dass die Erde eine Kugel ist, aber ich halte die Sache mit der Scheibe für eine interessante Sichtweise und verbreite dies deshalb gerne weiter, weil es auch andere Menschen gibt, die die Erde für eine Scheibe halten.'

So kann man sich die Fakten gefügig machen – und spart enormen Aufwand bei der inhaltlichen Vorbereitung des Coachings und vor allem: Die inhaltliche Analyse des wirklich Gesagten im Medientraining und Vorschläge, wie man es besser machen kann. Ich mag so nicht arbeiten, denn der Inhalt ist für die Kommunikation ernster Themen – insbesondere der Krisenkommunikation – erfahrungsgemäß deutlich relevanter als 7 Prozent der Gesamtleistung des Vortragenden.

Als Kommunikationstrainer hat man Verantwortung zu übernehmen für das, was die Coachees anschließend mit in ihre private und berufliche Arbeitswelt nehmen.

Mehrabian hat in einem Teil der Untersuchung beispielsweise Worte wie „Love" seinen Studierenden mal mit positivem, mal mit negativem Unterton per Tonband vorgespielt. Was soll dabei herauskommen, wenn nicht eine hohe Bedeutung der Stimme? Bitte beachten Sie: Mehrabian hatte nicht den Anspruch oder das Ziel, die optimale Struktur der zahlreichen Coachings für Kommunikation und Medienauftritte zu untersuchen. Das meinen andere aus seiner Forschung herauslesen zu können.

In der BBC-Sendung „More or less"[133] sagt Mehrabian: „Diese Missinterpretation meiner Ergebnisse trifft mich jedes Mal hart. Es sollte für jeden offensichtlich sein, dass es sich nicht um eine plausible Feststellung handelt."

„Für jeden offensichtlich" – dazu müssten die Kolleginnen und Kollegen Coaches einfach nur mal an die Primärquelle gehen, anstelle gegenseitig voneinander abzuschreiben.

Falls Sie an meiner Darstellung Zweifel haben, hören Sie Albert Mehrabian selbst, wie er sich im Interview mit der BBC zu den andauernden Fehlinterpretationen seiner 7-38-55-Regel äußert.[134]

In der ersten Phase seines Experimentes wurden Wörter identifiziert, die ganz eindeutig positive Gefühle transportieren. Beispielsweise „Schatz", „Danke", „großartig", „Liebe". Dann hat er neutrale Begriffe wie „vielleicht", „wirklich" untersucht und schließlich auch negative Begriffe wie „brutal" oder „schrecklich". Und genau über diese Wörter sagt Mehrabian bei der BBC: „Wenn die stimmliche Betonung inkongruent war zur Bedeutung der Wörter, war die Stimme 5,5mal bedeutsamer für die Bewertung der Aussage insgesamt, als die verbale Bedeutung des vorgetragenen Wortes." In der zweiten Phase der Untersuchung wurde dann die Komponente „Gesichtsausdruck" hinzugefügt. „Ich konnte deutlich zeigen, dass der Gesichtsausdruck 1,5mal bedeutsamer für die Bewertung einer Aussage ist als die Betonung in der Stimme. In einer gemeinsamen Betrachtung der beiden Teile konnten die Einflussfaktoren auf das Verstehen von Inhalten quantifiziert werden: Die verbale Komponente, die stimmliche Komponente und die Komponente des Gesichtsausdrucks. Die Betonung durch die Stimme hat 5,5mal mehr Einfluss auf das Verstehen als die verbale Komponente und der Gesichtsausdruck 1,5mal mehr als die Stimme."

Und er schreibt zu seiner Forschung: „Bitte beachten Sie, dass diese und andere Gleichungen bezüglich der relativen Bedeutung verbaler und nonverbaler Botschaften aus Experimenten abgeleitet wurden, die sich mit der Kommunikation von Gefühlen und Einstellungen beschäftigen. Sofern ein Kommunikator nicht über seine Gefühle oder Einstellungen spricht, sind diese Gleichungen nicht anwendbar."[135]

Liegt es vielleicht daran, dass Mehrabians Bestseller aus dem Jahr 1972 nicht auf Deutsch erschienen ist und sich niemand der Mühe unterziehen möchte, 152 Seiten Fachliteratur für eine einfache Formel nachzulesen, die sich doch so griffig anfühlt und das Coaching-Geschäft so leicht und locker macht?

---

133 14.8.2009.
134 https://www.bbc.co.uk/sounds/play/b00lyvz9 ab ca. Minute 23.
135 Zitiert aus http://www.kaaj.com/psych/.

Mehrabian wirkt etwas wehmütig, wenn er sagt: „Wenn ich auf meine wissenschaftliche Arbeit zurückblicke, komme ich zu dem Ergebnis, dass ich sehr viel mehr bedeutsamere Ergebnisse erzielt habe als das, mit dem ich oft verbunden werde. Aber anderes lässt sich nicht so pointiert darstellen wie das mit den 93 Prozent der nonverbalen Kommunikation."

Wäre Mehrabian ein Sänger, würde man von ihm wohl als einem One-Hit-Wonder sprechen. Und darüber hinaus noch ein missverstandenes.

Denkanstöße

Hier gibt es nur einen: Hebeln Sie den/die Vortragende/n mit der einfachen Frage aus: „Ich habe gehört, es soll sich dabei um den Mehrabian-Irrtum handeln. Wie stehen Sie dazu?" – Im Zweifel ergänzen Sie: „Aber das steht doch schon bei Google auf Seite 1".

8. Mit Schock und Salamitechnik erfolgreich kommunizieren

8.1 Teil 1: Der Lebendversuch an meinen Studierenden

Nach einigen Gastvorlesungen im Studiengang Kommunikationsmanagement an der Hochschule Osnabrück/Lingen stand im folgenden Wintersemester die erste Blockwoche mit Studierenden an. Thema: „Medien und Medienakteure in Pandemiezeiten". Meine Interviewpartner in den Vorlesungen und Workshops waren unter anderem Ulrike Winkelmann, Co-Chefredakteurin der taz, Markus Heggen, damals scheidender Chef vom Dienst des Ressorts Politik und Gesellschaft im Hauptstadtstudio von n-tv, der wenige Tage später Pressesprecher der Berliner Charité werden sollte, sowie Parteivorsitzender Christian Lindner (FDP).

Die Studierenden wussten aufgrund der Vorbereitung, dass hier vom Dozenten ein gewisser Aufwand betrieben worden war, um eine Online-Blockwoche möglichst spannend und attraktiv zu gestalten. Eine Studentin, die mir locker-fröhlich mitteilte, dem Anfang meiner Blockwoche nur sporadisch aus dem Zug folgen zu wollen, weil sie sich spontan entschlossen habe nach Frankreich zu reisen und dies nicht am Wochenende tat, sondern am Montag zu Beginn meiner ersten Vorlesung, hatte ich nach einer kurzen Risiko-Abwägung meines Dozenten-Images über die Klinge springen lassen und von der Woche ausgeschlossen. Das hatte sich wie von mir beabsichtigt herumgesprochen. Die Ansage, dass „Hop on, hop off" ein gutes Konzept für Stadtrundfahrten sei – aber kein Konzept, auf das ich mich in den Vorlesungen einlassen würde, trug zu einem gewissen Ruf bei, der mir dadurch vorauseilte. Für mich war die Sache klar: Lieber eine Handvoll engagierter und kritisch hinterfragende Studierende als ein lahmer Haufen, den man im Frontalunterricht berieselt. Dazu noch der Hinweis, dass ich ohne eingeschaltete Kamera die Teilnahme am Kurs nicht bestätigen würde und dass ich während der Live-Interviews mit unseren Gästen Zuspätkommende nicht aus dem Zoom-Warteraum dazuschalten würde, brachte eine enorme Disziplin und Engagement in die Gruppe von 40 durchweg engagiert arbeitenden Studierenden. Ich muss zugeben, in der zur gleichen Zeit stattfindenden Joga-Blockwoche ging es entspannter zu als bei mir.

Einige Studierende hatten von meinen bisherigen Vorlesungen im Sommersemester Positives gehört, die frohe Botschaft weiterverbreitet, sich angemeldet und waren offenbar bereit, im Gegenzug strengere Regeln in Kauf zu nehmen, um bei mir mit dabei zu sein. Kurz: Der neue Dozent mochte vielleicht ein harter Knochen sein – aber konnte man am Ende der Woche seine Fragen direkt an Christian Lindner[136] stellen.

Dies nur als Vorrede, damit sich die folgenden Abläufe für Sie nachvollziehbarer darstellen.

136 Abrufbar auf meinem YouTube-Kanal unter www.YouTube200prozent.com.

Meine Zielsetzung gleich zu Beginn der Blockwoche war es, die Studierenden dafür zu sensibilisieren, wie schnell man angesichts einer Schocknachricht fahrlässig versäumt, weiter Fakten zu sammeln, beziehungsweise den kommunizierten Schock kritisch zu hinterfragen. Andere Quellen würden dann vernachlässigt, weil man sich in eine Negativ-Spirale begibt und eher die Größe des Problems thematisiert als an seiner Bekämpfung zu arbeiten.

Dazu suggerierte ich den Studierenden zunächst in einer beiläufig gezeigten PowerPoint-Folie („Ganz kurz nur vorab, weil das so eine Formalie ist, um die die Hochschulleitung mich gebeten hat."), dass die Teilnahme an diesem Kurs zusätzliche 78 Euro kosten würde, man dies ja bereits seit Woche wisse und das auch aus den von mir hinterlegten Dokumenten auf dem Online-Portal der Hochschule hervorginge, dass dieser Betrag bis Ende der Woche an die Hochschule zu überweisen sei. Anderenfalls würde die Hochschule die erfolgreiche Teilnahme an der Blockwoche nicht bescheinigen. Ferner sei ein Kurswechsel zu diesem Zeitpunkt nicht mehr möglich. Ich hatte darauf gesetzt, dass viele Studierende sehr kurzfristig erstmalig in die Seminarunterlagen schauen, die man als Dozent in den Portalen der Hochschule hinterlegt hat. Somit kannten die Studierenden auch das Problem, was entsteht, wenn man schon mal ein Dokument übersieht oder dann hektisch improvisieren muss. Ich hatte etwas Sorge, dass einige sich voller Wut direkt aus der Online-Schalte ausklinken würden und hatte deshalb zu Beginn direkt verkündet, dass der Betrag rechtsverbindlich bereits mit der Anmeldung fällig werden würde. So oder so.

Es blieb erstaunlich still und stumm. Kein wütender Protest. Nichts.

Wie ich hinterher erfahren sollte, ging es zu diesem Zeitpunkt, der mir so ruhig erschien, in der von den Studierenden bereits eingerichteten WhatsApp-Gruppe emotional hoch her. Die erste Wortmeldung, die bei mir aufkam, war die Frage, ob die anderen Kurse auch alle kostenpflichtig wären. Ich log und bestätigte dies. Das senkte vermutlich den Widerstand, denn wenn es alle trifft, ist es zwar weiterhin eine Sauerei, aber nicht mehr so unfair, weil es nur meine Studierenden treffen würde. Ich ließ die schlechte Stimmung, die sich nun etwas verzögert auch online in unserer Video-Schalte bemerkbar machte, noch ein wenig ihr volles Bouquet entfalten und löste dann auf, dass es sich hier um eine Fake-Info handeln würde.

Erst nachdem ich mehrmals darauf hingewiesen hatte, nahmen auch die Studierenden wahr, dass bei der Bankverbindung der Hochschule eine Liechtensteiner IBAN, die aus dem Datum der Blockwoche bestand, angegeben war. Auch die verwendete BIC mit der Bezeichnung „TOM0815" hätte vielleicht eine Nachfrage aufwerfen können. Beispielsweise, ob man das vom Dozenten Gesagte als Gruppe einmal kritisch hinterfragen könne. Dieser Effekt konnte nur funktionieren, weil ich verschiedene Punkte einkalkuliert hatte:

1. Studierende übersehen schon mal gerne etwas.
2. Die Summe 78 Euro ist zwar hoch – aber noch nicht so absurd hoch, dass sie unrealistisch klingt.
3. Auch mit wenig Unterstützung von Staat und Eltern sind 78 Euro noch zu stemmen für Studierende.

4. Dass in Pandemiezeiten sich Dinge auch preislich ändern, war zu diesem Zeitpunkt bereits aus anderen Beispielen des Lebens gelernt.
5. Ich bin kein festangestellter Dozent, sondern Freiberufler aus der Industrie. Vielleicht gelten für diese Dozenten andere Regeln.[137]

Obwohl ich das mehr als deutlich auflöste, fragte mich nach dem ersten Tag dennoch ein Student noch einmal schriftlich an, ob das mit den 78 Euro wirklich ein Fake war. Zu sehr hatte ihn die Erstinformation geprägt.

Dann sind wir diese angeblichen Zusatzkosten schrittweise durchgegangen und haben analysiert, wie man das kommunikativ begleiten müsste. Erwünschtes Ergebnis: Die Studierenden sollen mehr oder weniger widerstandslos zusätzliches Geld bezahlen – und bei der Summe von 78 Euro noch Zufriedenheit empfinden. Eine anspruchsvolle Aufgabe, denn im Normalfall würde das so ablaufen: Wir beschließen eine Preiserhöhung, kommunizieren diese und halten ein paar Wochen negative Kommentare aus. Ergebnis: Mehr Geld für die Hochschule – aber alle sind genervt. Hier wäre die Vorgabe: Mehr Geld für die Hochschule – und alle fühlen sich gut.

Und so wird's gemacht:

Im Briefing der Hochschule an den Kommunikator würde die Summe von 40 Euro als Mindestsumme definiert, die die Studierenden zahlen sollen. Damit würde sich an durch die Zahl der Studierenden mein Honorar für die fünf Tage refinanzieren lassen und die Hochschule hätte meinen Kurs für lau bekommen. Für die Kommunikation nimmt man sich einen externen Berater und verspricht ihm eine Provision von allem, was über 40 Euro je Teilnehmer/in ist.

Kurzform des Briefings:

1. Setzen Sie die Summe von mindestens 40 Euro durch.
2. Sorgen Sie dafür, dass der Widerstand möglichst gering bleibt.
3. Sorgen Sie dafür, dass in der Öffentlichkeit eine gewisse Akzeptanz der Maßnahme erfolgt.
4. Begrenzter Widerstand in Medien und Öffentlichkeit ist hinzunehmen, sollte aber auch eher gedämpft erfolgen.
5. Von allem, was über 40 Euro ist, bekommt der Kommunikator eine Provision von 15 Prozent – unbefristet.

Wie begeistern wir nun die Studierenden für die Zahlung?

Zunächst einmal müssen wir den Begriff der Zusatzkosten in den Köpfen platzieren. Das tun wir, indem wir ganz bewusst das Wort „Studiengebühren" verwenden. „Gebühren" klingen weniger dramatisch als „Preise". Denn Gebühren sind überall zu entrichten, bis hin zu Schutzgebühren. Merke: Wenn wir für einen Dateidownload im Servicebereich eine Schutzgebühr von 3 Euro zahlen müssen, dann tun wir dies mit weniger Widerstand, als wenn der Download 3 Euro kostet. Dabei wären 3 Euro halt 3 Euro – nur die Wahrneh-

137 Leider nicht. Man bekommt den normalen Hochschulsatz.

mung wäre eine andere. Deshalb schicken wir irgendjemanden vor, der in der Kommunikation verkündet: „Ich halte zusätzliche Studiengebühren für ausgeschlossen."

Hier schließt jemand etwas aus, das noch niemand gefordert hat. Warum sollte man es denn dann überhaupt kommunizieren? Es sei denn, man verfolgt eine Strategie wie in der Jobdescription: „Setzen Sie die Summe von mindestens 40 Euro durch". In Ihren Köpfen wird nun schon einmal der Aspekt platziert, dass es zusätzliche Studiengebühren geben würde. Sie fangen an, sich damit zu beschäftigen. Natürlich ruft es jemanden auf den Plan, den wir gar nicht briefen oder instrumentalisieren brauchen, denn irgendwer wird schon öffentlich erklären: „Zusätzliche Studiengebühren darf es nicht geben."

Was haben wir bis dahin erreicht?

Wir haben zweimal die Begriffskombination „zusätzliche Studiengebühren" platziert. Jeder, den es betrifft, hat es nun schon zweimal gehört und überlegt, ob er diese Diskussion bisher übersehen hat, und dort nicht mal besser genauer hinhört.

Der nächste Akteur tritt auf den Plan – auch niemand von uns, sondern einer, der sich gewissermaßen ehrenamtlich an unserem perfiden Plan, Studierenden Geld aus der Tasche zu ziehen, unwissentlich beteiligt, weil wir auf seine kommunikativen Reflexe setzen: „Wir sollten alles tun, um zusätzliche Studiengebühren zu vermeiden", verkündet unser fleißiges Helferlein öffentlich in sozialen Netzwerken. Ein weiterer Akteur, vermutlich aus dem bildungspolitischen Bereich, springt uns kostenlos und beflissen zur Seite: „Wenn es schon Studiengebühren geben soll, dann müssen diese aber auch fair kalkuliert sein."

„Oh mein Gott", denken da schon viele Studierenden. Es geht nun schon gar nicht mehr darum, *ob* die Gebühren kommen, sondern nur noch darum, wie hoch der Betrag sein wird. Jetzt benötigen wir jemanden aus unserem Team, der einfach mal eine Summe heraushaut, an der sich die Öffentlichkeit abarbeiten kann: „Ich bin der Meinung, dass 149 Euro zusätzliche Studiengebühren für eine Blockwoche absolut unfair sind." Damit mag er Recht haben, denn bislang war die Woche schließlich Bestandteil der Hochschulleistungen.

Und wieder bekommen wir von einem kostenlos für uns arbeitenden Freiwilligen Unterstützung, weil wir mit unserer platzierten Aussage Reflexe aktivieren, die wie von selbst in den kommunikativen Automatismen ablaufen: „Ich halte die in den sozialen Medien kursierende Summe von 149 Euro für maßlos übertrieben." – Wieder richtig, denn wir sollten ja nur 40 Euro pro Person aktivieren.

Nun schauen wir uns einige **fiktive** Schlagzeilen an: „AStA-Bundesverband befürchtet überzogene Studiengebühren für Blockwochen" (taz), „Bildungsministerin unter Druck wegen Studiengebühren in Blockwochen" (WELT), „Studierende: Wir sind dreifache Opfer der Pandemie" (DIE ZEIT), „Shitstorm wegen Studien-Abzocke: Deutschlands Studenten gehen auf die Barrikaden!" (BILD) oder – und da lassen wir mal die Beziehungen in ein Leitmedium spielen: „Neue Studiengebühr für Blockwochen vermutlich deutlich unter 100 Euro" (FAZ).

Ich würde mal sagen: Läuft bei uns.

Nun erlangen Studierende und ihre Eltern Gewissheit: Es sind weniger als 100 Euro. Sicher, für Studierende eine hohe Summe, aber war nicht schon einmal von 149 Euro die Rede?

Immerhin: 49 Euro haben wir bereits „gespart" und in den Verhandlungen geht sicher noch etwas.

Schnitt. Szenenwechsel.

Wir befinden uns in einem Raum mit Studierendenvertretungen und den Hochschulen. In der FAZ stand ja „deutlich unter 100 Euro". Das „deutlich" ignorieren wir zu Verhandlungsbeginn und steigen mit 98 Euro in die Gespräche ein. Natürlich folgt lautstarker Protest der Interessengemeinschaften des Bildungsnachwuchses. Verständlich. Wir, als Vertretung der Hochschule, nehmen das als „artgerechtes Verhalten" zur Kenntnis. Schließlich können wir dank einer realistischen Sicht auf unsere Pläne nicht erwarten, dass man uns für dieses Vorgehen öffentlich huldigt und feiert. Wir verhandeln hart, packen unsere Argumente aus („Schließlich profitiert der Bildungsbetrieb enorm von den Praxiserfahrungen externer Dozenten" und die bekomme man nicht zu Volkshochschul-Honoraren) und nageln die Studierenden auf 78 Euro für eine Blockwoche fest. Wir merken, weil wir sensible Antennen der Kommunikation haben, dass die Studierendenvertretungen noch einen echten Erfolg benötigen, um vor ihren Mitgliedern und Unterstützern nicht wie die letzten Deppen dazustehen.

Da helfen wir doch gern.

Hatten wir eigentlich schon kommuniziert, ob wir diese 78 Euro pro Person nur dieses Jahr einfordern wegen eines Pandemie-Mehraufwandes, oder wollen wir diese unschönen Debatten nun jährlich aufs Neue führen müssen? Natürlich nicht! Also lassen wir im Gespräch Verständnis für die Gegenseite erkennen und bieten, wenn alles im Prinzip schon gelaufen ist, eine Preisgarantie an. Nach der Pandemie würde ohnehin alles teurer und gerade im Bildungssektor....

Wir wollen für uns die 78 Euro über fünf Jahre sichern. So denken wir. Verbal kommunizieren wir anders: „Wir wären bereit, Euch für fünf Jahre zu garantieren, dass es keine Preiserhöhungen geben wird."

Hurra! Wir haben eine Einigung. Und wir haben zugleich einen Ankerpunkt gesetzt, dass es im 6. Jahr zu einer Preiserhöhung kommen könnte und können das Spielchen im Prinzip komplett noch einmal so durchziehen, denn dann geht es für die Studierenden, die ja dann bereits seit fünf Jahren gelernt haben „Blockwochen kosten extra", lediglich um die Höhe der Gebührenerhöhung – nicht mehr um die Gebührenfrage generell.

Die Studierenden nun sind einigermaßen zufrieden, weil sie ja gedanklich von 149 Euro bei 78 Euro gelandet sind und eine Preisgarantie haben, die eine Planungssicherheit verspricht wie die Flatrate beim Mobilfunkvertrag oder der monatliche Beitrag zur Wohngemeinschaft. Die Studierenden haben die Illusion, dass sie rund 48 Prozent (78 Euro statt 149 Euro) eingespart haben je Person und die Hochschule, die mit 40 Euro pro Person einen Anspruch definiert hatte und nun 78 Euro bekommt, freut sich über einen realisierten Gewinn von etwas mehr als 96 Prozent. Hier wollen wir mal beim Nachkommabereich der Prozentwerte nicht so kleinlich sein.

Und die Verhandlungsführer der Hochschule lassen sich, wenn die Studierendenvertretungen den Saal verlassen haben, zur Feier des Tages noch etwas Sushi und Scampi kommen, weil das durch die Mehreinnahmen der Blockwoche mehr als hinreichend gedeckt ist.

8.2 Teil 2: Der Lebendversuch an uns allen

Gehen wir einmal gedanklich in jene Zeit zurück, zu der uns ein zweiter Lockdown drohte. Er lag in der Luft, aber er war noch nicht beschlossen. Angekommen? Gut. Dann schauen wir mal, ob die Salamitaktik politischer Kommunikation sich wirklich von dem unterscheidet, was ich fiktiv mit meinen Studierenden durchgeführt habe.

Wir hatten den ersten Lockdown mit mehr oder weniger großer Unkenntnis und vielen Sorgen hinter uns gebracht. Meine TV-Technik hatte ich gedrittelt: eine Ausrüstung zu Hause, eine im PKW und eine im Büro. Meinem Vater (80 und Risikogruppe) habe ich das Essen wie von den Behörden empfohlen in einem Schleusensystem vor die Tür gestellt und eine Webcam dazu gelegt. Als ich mein Studio-Büro in den ersten Lockdown verließ, wusste ich nicht, wann ich wieder zurückkehren würde. Wir hatten zwar kein Toilettenpapier gehamstert, aber deutlich mehr Konserven auf Lager als es unser Ernährungsverhalten vorsehen würde. Dann kam der Sommer. Die Infektionszahlen gingen nach unten, aber durch zahlreiche Kontakte in Politik, Behörden, Kontakt zu Pandemieakteuren und in die Industrie war mir recht früh klar: Im Herbst kommt einiges auf uns zu. Sterillium zu Mondpreisen und FFP2-Masken waren bereits seit Mai bei mir gebunkert. Die Masken zwar für 9 Euro das Stück – aber ich war arbeitsfähig unter Pandemiebedingungen. In Summe hat sich das ausgezahlt, aber Deutschland sollte im Winter wieder heruntergefahren werden. Und die Parallelen zu meinem „kommunikativen Studentenstreich" der Blockwoche sind erschreckend:

Hatte da nicht soeben jemand in den Medien verkündet: „Einen zweiten Lockdown wird es nicht geben"? Warum sollte man etwas verneinen, was es nicht geben würde? Und reagierte nicht unmittelbar darauf jemand anderes mit den Worten „Wir müssen alles tun, um einen zweiten Lockdown zu verhindern"? Und schon bezweifelte ein Nachkomma-Erbsenzähler, dass man im März/April ja gar keinen Lockdown gehabt hätte, sondern dass das ein Shutdown gewesen sei.

Merken Sie etwas? Sie könnten aus der kommunikativen Lockdown2-Vorbereitung und meinen zusätzlichen Studiengebühren zwei Schablonen basteln und übereinanderlegen – sie wären identisch!

Was bei den einen der AStA, sind nun die Industrieverbände und ihre Sprecher/innen: „Ein weiterer Lockdown wäre für die Wirtschaft eine absolute Katastrophe." Eine solche Aussage richtet sich dann in Wirklichkeit an die politischen Entscheider, auch wenn sie breit in der Öffentlichkeit kommuniziert wird. Und prompt kommt die vermittelnde Stimme aus unserem Hochschulbeispiel mit der Aussage: „Wenn wir einen zweiten Lockdown verhindern wollen, müssen wir uns einschränken."

Eine solche Aussage ist in der Nachbetrachtung immer korrekt. Haben wir keinen Lockdown bekommen, haben wir alles richtig gemacht mit unseren Maßnahmen. Haben wir einen zweiten Lockdown bekommen, dann haben wir nicht alles richtig gemacht mit unseren Maßnahmen. Deshalb sagt man im Zitat: „Wenn"!

Dann wurde aus Kreisen der NRW-Landesregierung den Medien gestreut: „Landesregierung befürchtet zweiten Lockdown im Spätherbst." Ich kann alles befürchten – muss ich das jemandem mitteilen, wenn ich ihn nicht zwingend darauf vorbereiten möchte, dass dieses Ereignis auch wirklich eintreffen wird? In der Regel ist genau dies nämlich der Fall. Und prompt meldet sich – es würde gut zu Karl Lauterbach passen – der nächste Akteur zu Wort: „Wenn das so weitergeht, ist ein zweiter Lockdown unvermeidlich." Natürlich. Die NRW-Landesregierung befürchtet es schließlich auch bereits und hat es „aus Kreisen" an die Medien durchsickern lassen.

Und dann kam die Kanzlerin mit der wissenschaftlichen Sachlichkeit einer Physikerin und rechnete uns öffentlich 19.000 Neuinfektionen zur Weihnachtszeit aus. Da lag sie aber fett daneben, denn diese – von vielen Bundesbürgerinnen und Bundesbürgern angezweifelten Zahlen – erreichten die Deutschen leider deutlich früher.

Über Wochen und Monate haben wir also von der Politik immer wieder das Thema „zweiter Lockdown" in den Köpfen platziert bekommen. Und alle haben daran mitgewirkt. Denn auch diejenigen, die den zweiten Lockdown in Zweifel gezogen haben, haben dennoch mit dazu beigetragen, dass sich der Begriff „zweiter Lockdown" weiter verbreitet und in unseren Köpfen vor Anker gehen kann.

Jemand hat es dann noch einmal mit den Begriffen „Wellenbrecher-Lockdown" versucht (Armin Laschet scheiterte später mit dem Begriff „Brücken-Lockdown"), aber durchgesetzt hat sich dann der Begriff „Lockdown Light". Dieser Begriff ist streng genommen Unfug. Vergleichen wir eine Theaterschauspielerin mal mit einer Supermarktkassiererin oder einen Fitnessstudio-Betreiber mit mir. Die Schauspielerin hatte keinen „Lockdown Light" und der Fitnessstudio-Betreiber ebenfalls nicht. Die beiden hatten einen 100prozentigen Lockdown. Allerdings hatten die Kassiererin und ich ebenfalls keinen „Lockdown Light". Wir hatten einen absoluten Null-Lockdown. Gut, wir haben Masken getragen und uns ständig die Hände desinfiziert – aber wir haben voll gearbeitet. Die Gastronomie hatte wegen der Liefer- und Abholmöglichkeiten im Prinzip das ganze Jahr einen mehr oder weniger unveränderten Dauer-Lockdown. Wer erst im zweiten Lockdown auf die Idee kam, dass man ja einen Lieferdienst anbieten könne oder dass man für Online-Schulungen kurz vor dem zweiten Lockdown noch schnell einen Internetzugang beantragen muss –, der geistert ohnehin bereits als Untoter durch die Wirtschaft und sollte eher früher als später von seinem Schicksal erlöst werden.

Folglich ist „Lockdown Light" eine wunderbare Begriffsbeschönigung einer politischen Maßnahme, die extreme Unausgewogenheit in der Gesellschaft verursacht. Nun ist die Frage, wie bringen wir es dem Volk möglichst schonend bei, dass man Deutschland wieder herunterfahren wird? Man könnte eine Kanzlerin, die ohnehin nicht mehr antreten wird, ohne Weiteres vor die Kameras stellen und verkünden lassen: „Guten Tag zusammen. Was ich noch mitteilen möchte: Wir machen Deutschland ab Montag wieder dicht. Vielen Dank für Ihre Aufmerksamkeit und noch einen schönen Netflix-Abend für Sie und Ihre Lieben daheim."

Das wird nicht funktionieren.

Sie müssen sich das nicht so vorstellen, dass in der MPK[138] nur die Ministerpräsidentinnen und Ministerpräsidenten sitzen. Dort sind eine ganze Schar von Mitarbeitern eingebunden, die – je nach aktueller Infektionslage – für ihre Bundesländer unterschiedliche Ergebnisse

138 Ministerpräsidentenkonferenz.

herausholen möchten. Nach Informationen aus „für gewöhnlich gut informierten Kreisen in Berlin akkreditierter Medien" sollen sich hier NRW, Schleswig-Holstein, Thüringen, Mecklenburg-Vorpommern und insbesondere Bayern besonders aktiv gezeigt haben. Mal die eine Region mehr als die andere – je nach tagesaktuellen Bedürfnissen. Man hat mir bestätigt, dass über Messenger-Dienste mit den Landescheffinnen und Landeschefs direkt kommuniziert wurde, aber niemand hat bestätigt, dass ein Ministerpräsident oder eine Ministerpräsidentin das Handy als Mithörgerät für Medien genutzt habe. Wohlgemerkt: Dieser Hinweis bezieht sich auf die Ebene der MPs.

Noch Fragen? Lassen wir diesen Punkt mal in weiterer Tiefe unbetrachtet.

Auch wenn die Kanzlerin sich über die ganzen Leaks während der MPKs im inneren Zirkel sehr ungehalten gezeigt haben soll: Sie hat in ihrer persönlichen PR-Wirkung am meisten davon profitiert, dass aus den Kreisen der Ministerpräsidentinnen und Ministerpräsidenten bereits während der Sitzungen Inhalte noch vor dem Beschluss an die Medien durchgestochen wurden. Über einen Zeitraum von mehreren Stunden habe ich nur die Startseite von BILD.de mit einem Screenshot für mich gesichert.[139]

13.32 Uhr:

- BILD hat erste Details aus dem Knallhart-Plan:

  Merkel will Lockdown-Ultimatum. Wenn andere Maßnahmen in 10 Tagen nicht greifen, dann…
- „Alles tun, damit es nicht dahin kommt"

  Laschet schließt Lockdown an Weihnachten nicht aus.

16.30 Uhr:

- SPD-Aufstand bei Merkel-Runde!
- Wirtschaftsbosse warnen:

  Neuer Lockdown-Schock wäre „Todesurteil" für die Wirtschaft.

17.21 Uhr:

- Söder schlägt Alarm bei Krisengipfel:

  „Wir kommen wieder voll in die Sprungkurve rein"
- Wirtschaftsbosse warnen:

  Neuer Lockdown-Shock.

17.54 Uhr:

- Merkel-Papier zum Corona-Gipfel:

  Darum ist die Zahl 35 jetzt so wichtig

139 Alle Screenshots liegen mir vom 30.10.2020 vor.

- „Sch***wetter, Sch***stimmung:
  SPD-Ministerpräsidenten waren ziemlich angepisst."[140]
- Sachsen will Beherbergungsverbot kippen

21.28 Uhr:

- Dramatische Merkel-Warnung:
  „Ergebnisse nicht hart genug, um Unheil abzuwehren"
  Verhandlungen zu Corona-Maßnahmen gehen in weitere Runde
- Er redete den Länderchefs beim Gipfel ins Gewissen
  Wer ist Merkels Corona-Berater?

Das könnte man jetzt noch kombinieren mit anderen Medien, die alle irgendwo von irgendwem etwas zugesteckt bekommen haben. Das machen Politiker entweder mit reichweitenstarken Leitmedien – oder mit den Lokalmedien aus dem eigenen Wahlkreis. In diesem wird jedoch auch die BILD gelesen, die im politischen Berlin extrem gut vernetzt ist. Und selbst wenn Politikerinnen und Politiker zuweilen mit der BILD im Clinch liegen – letztlich ist sie immer noch das reichweitenstärkste Medium in Europa. Verorten wir die emotionale Bandbreite zwischen Politik und Medium ruhig einmal zwischen Hassliebe und symbiotischer Beziehung.

Es macht für Angela Merkel durchaus in der PR (und damit in der öffentlichen Wahrnehmung der eigenen „Merkel"-Marke) einen enormen Unterschied, ob sie als Verkünderin der schlechten Botschaft (Wir machen Deutschland in der nächsten Woche wieder dicht) wahrgenommen wird, oder ob sie nur das bestätigt, mit dem wir uns bei aufmerksamer Medienlektüre ohnehin schon seit längerem beschäftigen. In unserem Unterbewusstsein läuft dann die Mechanik „ich hab's doch immer schon geahnt" ab. Die klassische Salamitaktik – in der Kommunikation oftmals verpönt und geächtet – in solchen Fällen jedoch ausgesprochen effektiv für diejenigen, die die Scheibchen schneiden.

Was ich an der Kommunikation zum „Lockdown Light" so faszinierend finde: bei gesundem Menschenverstand hätte man von selbst darauf kommen können, dass es mit 14 Tagen nicht getan sein und es sich weit in den Winter des Folgejahres ziehen würde. Die Politik geht auf Nummer sicher. Noch bevor der nächste Lockdown rechtlich in Kraft treten konnte, legte die Politik nach. Schlagzeilen von BILD.de um 10.51 Uhr des Folgetages: „Was bisher falsch gelaufen ist – und was sich ändern sollte (Dachzeile) Wie ein dritter, vierter und fünfter Lockdown verhindert werden muss (Schlagzeile)". Dazu – für Laschet unvorteilhaft – ein Foto des NRW-Ministerpräsidenten, den man gut erkennen kann, denn seine Schlagzeile lautet: „60 Minuten nach seiner knallharten Lockdown-Rede: Laschet ohne Maske im Flieger."

Weiter hinten bei BILD lehnt sich Ralph Brinkhaus aus dem Fenster. Der Vorsitzende der CDU/CSU-Bundestagsfraktion ist ja kein Hinterbänkler aus dem tiefsten Wald, sondern in herausragender politischer Position. Seine Schlagzeile lautet: „Keine Garantien für Co-

140 Die journalistische Regel, nach der man „Scheiße" pixeln soll und „angepisst" auszuschreiben hat, ist mir gänzlich unbekannt.

rona-Lockerungen im Dezember". Zum Zeitpunkt dieser Veröffentlichung war der Lockdown Light immer noch nicht in Kraft gesetzt: Es war der 1. November. Und einen Tag später, am 2. November legt Kanzleramtsminister Helge Braun in der Rheinischen Post nach: „Nicht wahrscheinlich, dass wir in zwei Wochen lockern können."

Im Februar des Folgejahres sieht es so aus, als fahren Kanzlerin und Kanzleramtsminister eine zweigleisige Strategie in ihrer Kommunikation, um sich nach allen Seiten abzusichern. In der ZEIT steht am 22. Februar die Schlagzeile: „Merkel deutet schrittweise Lockerungen an" und 24 Stunden später zitiert die BILD Helge Braun: „Kanzleramtschef Helge Braun erklärt in geheimer Runde: Derzeit „keine Lockerungen" möglich!" Jetzt aber mal Hand aufs Herz: Dass ein Bayerischer Ministerpräsident von der Kanzlerinnen-Linie abweicht, ist eine seiner Kernkompetenzen. Dass ein Fraktionsvorsitzender der CDU/CSU von der Kanzlerinnenlinie abweicht, kommt vor. Vor allem, wenn man es mit einer selbstbewussten Fraktion zu tun hat, die kernige Auftritte schätzt. Aber dass ein Kanzleramtsminister solche Aussagen fern der Linie der Kanzlerin tätigt? Folglich können wir hier – trotz gegenteiliger Kommunikation (Wir lockern schrittweise; wir halten Lockerungen für unwahrscheinlich) durchaus von einem abgestimmten und koordinierten Vorgehen ausgehen.

Steigt man genauer in die Artikel von ZEIT und BILD ein, ist sogar gar kein Widerspruch mehr erkennbar. Denn darin fordert die Kanzlerin lediglich die Vorlage von Konzepten zur schrittweisen Lockerung der Maßnahmen, wogegen Braun davon spricht, dass er Lockerungen für unwahrscheinlich halte. Das ist – genau betrachtet – nicht unbedingt ein Widerspruch in den Sachfragen. Sehr oft bereitet man in der Krisenkommunikation konzeptionell Schritte vor, die letztlich doch nicht notwendig sind.

Lassen Sie mich die beiden Beispiele von Studiengebühren (fiktiv) und Lockdown (real) noch einmal in zwei Sätzen zusammenfassen.

„Ich halte zusätzliche Studiengebühren für ausgeschlossen."

„Einen zweiten Lockdown wird es nicht geben."

Und wir ergänzen noch einige weitere Sätze aus unserem allgemeinen Kenntnisstand:

- „Die Standortfrage für unser Werk stellt sich nicht."
- „Selbstverständlich setzen wir auch in Zukunft auf Präsenz in den Innenstädten"[141]"
- „Die Position unseres Trainers steht nicht zur Diskussion."
- „Koalitionsaussagen für die Zeit nach der Wahl sind nicht das Thema, mit dem wir uns derzeit beschäftigen."
- „Steuererhöhungen wird es nicht geben."
- „Der Einsatz unseres Militärs ist derzeit keine Option, die wir in Erwägung ziehen."
- „Der Familiennachzug ist kein Thema, das wir politisch infrage stellen."
- „Wir haben eine klare Investorenzusage bis zum Jahr 2028."

141 Der Satz ist nicht von Douglas-Chefin Tina Müller. Aber vergleichen Sie einmal in einer ruhigen Minute die Kommunikation des Unternehmens zu den Entscheidungen Anfang 2021, 60 Filialen zu schließen und verbinden dies mit Ihrem Allgemeinwissen zum Online-Handel und dem stationären Handel.

Ab hier können Sie die Kommunikationsmuster wahlweise mit der Studierenden-Schablone oder der Lockdown-Schablone nachzeichnen. Gut ist es, wenn man das Ziel der Kommunikation kennt und dann von Zeit zu Zeit die öffentliche Meinung in die gewünschte Richtung beeinflusst. Deshalb sollte man eine Salamitaktik nicht generell verteufeln, sondern genau mit dem Stab überlegen, ob sie eine echte Alternative zu den sonst genutzten Kommunikationsmechanismen ist. Manchmal ist es Medizin und manchmal Gift. Auf den richtigen Einsatz und die richtige Dosierung kommt es an.

Denkanstöße

1. *Einen Elefanten isst man in vielen, kleinen Portionen.*
2. *Salami-Taktik ist nur in Ausnahmefällen eine brauchbare Taktik.*
3. *Salami-Taktik eignet sich bei der präventiven Krisenkommunikation, bevor das eigentliche Ereignis eintrifft. Nicht immer, aber oft.*
4. *Sie müssen auf jeden Fall einen Plan B in der Tasche haben, falls „Salami" nach einiger Zeit ihre Wirkung verfehlt.*

9. Praxisbeispiel: VIP-Loge und ein Schreibtisch

Anruf vom Berufsbildungswerk Bremen[142], kurz: BBW Bremen, einem Unternehmen, das in Bremen wie Bremerhaven jährlich hunderte Jugendliche mit Beeinträchtigungen in über 30 Berufen ausbildet. Es sind die jungen Menschen, die es nicht leicht haben in ihrem Leben – und denen es oftmals auch nicht gerade leicht gemacht wird. Der Begriff *Berufsleben* bekommt hier für die Lebensqualität von Menschen, die oftmals an den Rand der Gesellschaft gedrückt werden, wo es an der Akzeptanz von Inklusion mangelt, eine ganz besondere Bedeutung. Sie lernen für die Gastronomie, Kfz-Aufbereitung, in Holz- und Metallwerkstätten und an einer der modernsten Anlagen Deutschlands auch die Feinheiten der Zahntechnik.

Der Geschäftsführer ist am Telefon. Offenbar droht in der Bremer Presse gerade ein Wellengang, gegen den die Weser ein kleines Rinnsal ist. Die Rede ist von einer VIP-Loge bei Werder Bremen und Anschuldigungen, die sich teilweise gegen die Person und Arbeitsweise des Geschäftsführers richten. Die Rede ist von Prunk und Protz – was man halt alles nicht haben sollte, wenn man als Geschäftsführer einem Unternehmen vorsteht, das sich um die Ausbildung von Jugendlichen kümmert. Diese Ausbildungsleistung wird allerdings von den Arbeitsagenturen beim BBW Bremen eingekauft.

Spoiler-Alarm: Der ganze Fall wird sich im Laufe der nächsten Monate als juristische wie kommunikative Luftnummer entpuppen. Am Ende wird der Landesrechnungshof rügen, dass bei einer abzurechnenden Gesamtsumme von 23 Millionen Euro ein in der Sache korrekter Betrag von 4.000 Euro eine falsche Buchungszuordnung erhalten hatte, was vom BBW umgehend korrigiert wurde.

Als ich am Berufsbildungswerk ankomme, empfangen mich Geschäftsführer und Prokurist. Zwei typische Norddeutsche: Der eine nordisch zurückhaltend, der andere verfügt über eine rustikal-klare norddeutsche Kante, mit der man auch als Kapitän bei der Kriegsmarine zur See fahren könnte. Der Geschäftsführer ist der mit der Kriegsmarine. Seine Art ist eine klare Chance – darin liegt aber auch der Kern des Risikos, wenn sich ein solcher Mensch ungerecht behandelt fühlt. In den ersten Minuten wird bereits klar: Hier braucht es eine klare Balance zwischen konsequentem juristischem Vorgehen, kommunikativer Notwendigkeit und einer selektiven Vorgehensweise im Umgang mit den Medien vor Ort. Die Medienlandschaft in Bremen ist eher übersichtlich. Dort entscheiden wenige Akteure über die Richtung der öffentlichen Meinung. Das heißt: Man kann mit wenigen Kontakten viel Schaden anrichten – man kann aber auch mit wenigen Kontakten viel erreichen.

Den Kaffee gibt es beim Geschäftsführer im Büro. Ich komme mir vor, wie bei meinem letzten Besuch im Hard-Rock-Café. Mein Gastgeber ist offenbar Fan der irischen Band The Pogues, deren Tour-Poster sauber und fachmännisch gerahmt in handgearbeiteten Holzrahmen stecken. Eine Wandmöblierung gehobenen Ausmaßes. Jeder Rahmen hat eine Messingleuchte an der oberen Querleiste. An der Wand ist kein freier Platz mehr. In ihrer

142 Veröffentlichung dieses Falles mit Genehmigung des BBW Bremen.

Summe verströmen die Messingleuchten eine Atmosphäre wie die beleuchteten Devotionalien im Hard-Rock-Café. Der Konferenztisch ist absolut repräsentativ, der Schreibtisch des Geschäftsführers ist eine wuchtige, aber dennoch elegant wirkende Kombination aus hochwertigem Holz, Edelstahl und Glas. Gegenüber fällt mein Blick auf eine Sitzecke mit hochwertigen Ledersesseln, die frisch gepolstert aussehen. Das Büro hat ungefähr 30, 35 Quadratmeter.

Zwei Details stören mich in dieser privat wirkenden Behaglichkeit: Warum haben die Bilderrahmen kein UV-beständiges Museumsglas und warum steht auf dem eleganten Schreibtisch in polierten 3D-Metall-Buchstaben vorne „Berufsbildungswerk Bremen"? Beides war für mich ein kleiner Stilbruch.

Ich muss zugeben, dass ich aufgrund des optischen Eindrucks des Büros nicht unbedingt vorurteilsfrei an die Sachlage mit der VIP-Loge herangegangen bin. Später an dem Tag habe ich jedoch das Einrichtungskonzept des Geschäftsführers verstanden: Jedes Stück in seinem Büro war von den Jugendlichen der eigenen Werkstätten hergestellt worden, lediglich die Tour Poster waren ein kleiner Spleen des Geschäftsführers. Ich befand mich folglich in einer Art Leistungsschau der Ausbildungsjahrgänge.

Die Sessel waren in der hauseigenen Werkstatt aufgepolstert worden, nachdem man sie abgewetzt übernommen hatte. Die Bilderrahmen waren genau wie der Konferenztisch aus der hauseigenen Tischlerei und der später noch mit der Presse zu diskutierende angebliche Protzschreibtisch war eine Gemeinschaftsarbeit der Werkstätten Holz, Metall und Glaserei. Und jedem Gast, der als Geschäftspartner empfangen wurde, wurde auch genau das kommuniziert. So hatte ich es als geschäftsführender Gesellschafter meiner eigenen PR-Agentur vor vielen Jahren schließlich auch gemacht: Kundenprodukte gezeigt, damit neue Gäste direkt einen Eindruck von der Bandbreite unserer Arbeit bekamen. Bei uns stand deshalb eine Packung Ariel im Empfangsbereich.

Aber wie, um Himmels willen, kann man ernsthaft auf die Idee kommen, in einem Bundesligastadion eine VIP-Loge anzumieten? Die Kosten beliefen sich auf 40.000 Euro. Nun durfte ich in der Vergangenheit schon gelegentlich Gast in Bundesligalogen sein und weiß daher, dass es dort hemdsärmeliger zugeht, als man es von außen vielleicht vermutet: Statt Champagner und mit Schokolade überzogenen Erdbeeren (wie der Landesrechnungshof in der eigenen Publikation die Berichte zum BBW Bremen falsch und übertrieben bebildert hatte) gab es stets einfache Hausmannskost. Die Stadionwurst auf dem Teller statt im Brötchen auf der Hand und Pils vom Fass. Dazu Pommes und irgendetwas mit Gemüse für den Fall der Fälle. In der Regel bestand das vegetarische Gericht aus Erbsensuppe, die man bei Bedarf mit einer Mettwurst aufpeppen konnte.

Hintergrund der Nähe zur Wirtschaft im privat anmutenden Ambiente war, dass die Arbeitsagenturen früher einen festen Betrag pro Jugendlichen für dessen Ausbildung bezahlten. Unternehmen wie das BBW Bremen übernahmen die Ausbildung und dann folgte die Vermittlung in den Arbeitsmarkt durch die Arbeitsagenturen. Das war geändert worden. Nun sollten die Unternehmen selbst die Vermittlung übernehmen – eine Tätigkeit, mit der sie bisher keine Erfahrungen hatten. Und vor allem: Ein Bereich, in dem sie in der Regel über keine oder nur wenige Kontakte verfügten.

Wo bekommt man schnell und unkompliziert Unternehmer aus allen Bereichen in einer lockeren Atmosphäre zusammen? Genau dort sollen sich aber nach Möglichkeit auch politische Multiplikatoren und politische Entscheider aufhalten. Und wo bekommen wir das möglichst geballt und effektiv in einen Termin gebündelt, wenn man zeitgleich noch für das Thema *Inklusion* werben muss? Und welche Veranstaltung hat über das Einzugsgebiet des Stadtstaates Bremen genug Strahlkraft hinaus? Spätestens jetzt müssen Sie schon einräumen, dass Bundesliga-Fußball bei dieser kommunikativen Aufgabenstellung durchaus ein Gedanke wert ist. Und genau so war es auch: Durch die Anbahnung der Geschäftsbeziehungen sind nachweislich und umfangreich vertraglich zugesagte Arbeitsplätze an Jugendliche mit Handicap vergeben worden. Hätte das Unternehmen die 40.000 Euro für Mailings, Kugelschreiber, Sticker und Flyer ausgegeben, hätte niemals ein Hahn auch nur danach gekräht. Wäre es ineffektiv gewesen? Mit Sicherheit. Aber als Begründung könnte man ja sagen, dass Inklusion eh ein schwieriges Thema sei und die allgemeine wirtschaftliche Lage... insbesondere in Bremen....

Leider gab es zum Zeitpunkt der Entscheidung für die VIP-Loge die übliche beiderseitige Dysfunktion zwischen einer Geschäftsleitung und einem Betriebsrat. Die Geschäftsleitung – damals noch kommunikativ nicht beraten – wollte erst einmal den Erfolg der Werder-Maßnahme abwarten und anschließend in die Belegschaft kommunizieren, weil man dann ja etwas nachweisen konnte. Der Betriebsrat wiederum hatte natürlich keine Schwierigkeiten, von der VIP-Loge zu erfahren: Schließlich wirbt Werder Bremen auf der Webseite mit den Sponsoren, es gibt im Stadion entsprechende Werbung auf den Logen, an Sponsorenwänden und vieles mehr. Der Betriebsrat informierte per Aushang über das Engagement in der VIP-Loge und stellte dazu zwei Fragen:

1. Was kostet die VIP-Loge?
2. Wer nutzt die VIP-Loge?

Ich muss zugeben, das waren auch meine ersten beiden Fragen – das klärte sich aber sehr schnell für mich. Allerdings wurde dieses Thema bereits zu diesem Zeitpunkt vor dem Arbeitsgericht zwischen Betriebsrat und Geschäftsleitung behandelt.

Dass der Betriebsrat über die Webseite von Werder Bremen von dem Sponsoring erfahren hatte, konnten wir im Gegenzug sogar als Argument nutzen: Wenn man über eine Webseite von Werder Bremen von der VIP-Loge erfährt, dann kann es sich dabei ja auch nicht um eine konspirative Kommandosache handeln. Den einzigen Schuh, den man sich hier anziehen muss: Man hätte intern aktiver kommunizieren können – und auch müssen.

Was den Vorwurf der persönlichen Vorteilsnahme des Geschäftsführers betrifft, waren wir schnell auf der sicheren Seite: Jedes Pils und jede Wurst waren als geldwerter Vorteil ordnungsgemäß versteuert worden. Darüber hinaus konnte man dem Geschäftsführer, der in einem beruflichen Vorleben als Steuerfahnder gearbeitet hat, eine gewisse Empfindsamkeit für das, was geht und was nicht geht, durchaus nachsagen. Ferner gab es keinen Dienstzeitausgleich für die Mehrarbeit am Bundesliga-Wochenende und der Prokurist hatte als nachweislicher Schalke04-Fan ohnehin ein moralisches Alibi.

Ich telefoniere mit einem Journalisten, der zu der Sache recherchiert:

„War bei den Spielen die Frau des Geschäftsführers in der Loge mit dabei?"

„Sofern die eingeladenen Gäste ihre Frauen mitgebracht haben, ja. Dann war auch die Frau des Geschäftsführers dabei."

„Finden Sie das denn in Ordnung, Herr Buschardt?"

„Selbstverständlich. Ihre Frau wird Sie doch auch beispielsweise zum Neujahrsempfang des Senates begleiten oder auf andere Veranstaltungen."[143]

„Meine Frau begleitet mich nicht bei solchen Veranstaltungen."

„Dann führen Sie eine andere Art von Beziehung als ich. Ich begleite meine Partnerin auf Ihren geschäftlich/gesellschaftlichen Terminen und umgekehrt begleitet sie mich auch."

Man muss sich ja nicht jeden Schuh greifen, der vielleicht passen könnte.

Was weniger schön ist, ist die Strafanzeige, die jemand gestellt hatte. Eine Strafanzeige wegen Compliance-Verstößen ist eine dreckige und üble Sache. In diesem Fall kam sie von ehemaligen Mitarbeitern, die meinten, noch eine Rechnung offen zu haben mit der aktuellen Geschäftsführung.

Die Probleme, die eine solche Strafanzeige auslöst, sind vielfältig: Die Staatsanwaltschaft hat Wichtigeres zu tun, als ihre Ermittlerteams wegen ein paar Bilderrahmen, eines Schreibtischs und ein paar Ledersesseln ins BBW zu schicken. Der Anwalt beantragt erst einmal Akteneinsicht – was dauert. Und die Presse kann derweil darüber berichten, dass eine Anzeige vorliegt und die Staatsanwaltschaft ermittelt. Da die Staatsanwaltschaft eine solche Anzeige im Stapel erst einmal nach unten sortiert, kann man lange darüber berichten, dass die Staatsanwaltschaft nun seit Monaten ermittelt und ermittelt. Die Ermittlungen werden durch die Verzögerung nicht weniger wichtig in der Öffentlichkeit. Deren Logik funktioniert anders: Wenn die so lange ermitteln, dann muss da ja etwas dran sein. Das hebt nicht unbedingt die Laune bei denjenigen, die solchen Anzeigen ausgesetzt sind. Und es hilft auch keine juristische Denkweise, dass das Verfahren sowieso eingestellt werden wird. Was dann auch Monate später der Fall gewesen war.

Ohne Auflagen. Bedingungslos eingestellt.

Sollten Sie jetzt mit dem Gedanken spielen, einem missliebigen Konkurrenten eine solche Anzeige unterzujubeln, dann muss ich dringend davon abraten. Denn eine unbegründete Strafanzeige kann wiederum Strafverfolgung nach sich ziehen – bei Ihnen.

In der Krisen-PR ist es keine Raketenwissenschaft, zu erkennen, dass es bei einer solchen Strafanzeige nicht darum geht, jemanden anzuzeigen, sondern eher der Presse einen Grund zu liefern, über die Anzeige berichten zu können.

Wie kommt man nun an eine solche Anzeige heran, wenn die Staatsanwaltschaft die Verfolgung von Autoschiebern und Drogenkartellen für wichtiger hält und der eigene Anwalt noch keine Akteneinsicht nehmen konnte? Eben: Bei denen, die ein Interesse an einer Kommentierung haben.

143 Bei Berichten über Theaterpremieren beispielsweise erhalten Journalisten oft eine Begleiterkarte. Das erhöht die Akzeptanz im Privatleben, dass der Partner/die Partnerin oftmals am Wochenende und abends arbeiten muss. Der Vorgang wäre also nichts Ungewöhnliches.

Und so hatten wir die Strafanzeige durch die Presse in der Kopie schneller vorliegen (natürlich geschwärzt an den personenbezogenen Daten des Anzeigestellers)[144] als der eigene Anwalt. Der Text der Strafanzeige enthielt auch für Nichtjuristen erkennbar ganz klar eine Fülle von Kommentierungen, die mit dem Sachverhalt nichts zu tun hatten und so gut wie keine Anhaltspunkte für tatsächlich strafbares Verhalten.

Nicht vergessen sollte man bei solchen Vorgängen die Kommunikation nach innen, beziehungsweise die Wirkung der externen Berichterstattung auf die eigene Belegschaft. Deshalb ist es wichtig, hier einen weiteren Fokus drauf zu setzen. Im Weserkurier sollte der große Befreiungsschlag erfolgen. Die VIP-Loge war inzwischen – trotz der sich bereits abzeichnenden Erfolge bei der Organisation von Arbeitsplätzen fertig ausgebildeter Jugendlicher mit Handicap – gekündigt worden.

Ich sagte dem Weserkurier ein Exklusiv-Interview des Geschäftsführers zu. Unter einer Bedingung bei einer Gegenleistung. Zunächst die Bedingung: Das Interview durfte nicht vor 14 Uhr an einem bestimmten Tag online abrufbar sein, weil zu diesem Zeitpunkt aus erster Hand die Information der Belegschaft durch die Geschäftsleitung erfolgen sollte. Meine Begründung: Wir möchten nicht, dass die Belegschaft die Fakten aus der Presse zuerst erfährt.

Kritiker könnten mir jetzt vorwerfen, ich hätte das so geplant, damit wir vor dem Betriebsrat das Narrativ über die Medien bereits festgelegt hätten. Einen solchen Vorwurf könnte ich zurückweisen, aber nicht entkräften.

Jetzt die Gegenleistung: Jede Frage sei zugelassen. Wir würden jede Frage beantworten, die man uns stellt.

Das war dann der Moment, wo der Kapitän der Kriegsmarine mit mir, dem Smutje, am Telefon Klartext redete. Man hätte auch sagen können, dass er mich „kielholte"[145]. Und ich bin ihm für kein Wort böse, was da fiel. Die Einleitung: „Haben Sie 'nen Knack?" In Kombination mit der Sachinformation „Wir können doch nicht die Namen unserer Geschäfts- und Politikkontakte herausgeben!" versprach ein lebhaftes Gespräch.

Ich muss zugeben, die Namen herauszugeben – das wäre wirklich bescheuert.

Hier die Passage aus dem Interview mit dem Weserkurier:

Welche Gäste wurden bewirtet?

Bitte haben Sie Verständnis dafür, dass wir alleine schon aus Datenschutzgründen keine Namenlisten oder Listen der Unternehmen veröffentlichen können, die wir bei uns zu Gast hatten. Das sind wir auch mit Blick auf die Anbahnung künftiger Geschäftskontakte unseren Gästen grundsätzlich schuldig.

---

144 Diese Vorgehensweise der Medien ist nicht zu beanstanden. Schließlich muss derjenige, der Stellung dazu beziehen soll, auch die Originalanzeige kennen.

145 Eine Bestrafung aus der Seefahrt: Der Matrose wird an einem Seil unter dem Kiel des Schiffes durchgezogen.

Waren auch private Gäste dabei? Freunde und Bekannte von Ihnen? Freunde und Bekannte des Prokuristen und der Abteilungsleiter?

Nein. Lediglich bei den Terminen, wo ein eingeladener Gast seine Gattin mitgebracht hat, hat mich meine Lebensgefährtin begleitet. So wie sie mich auch auf anderen Geschäftsterminen, die ich an den Wochenenden für das BBW wahrnehme, gelegentlich begleitet.[146]

Dass er zunächst davon ausging, dass ich alles offenlegen wollte, ist absolut nachvollziehbar. Aber ebenso selbstverständlich ist natürlich auch, dass ich dem Weserkurier jedes Interesse an unseren Positionen nehme, wenn ich im Vorhinein bereits Fragen ausschließen möchte. Wer dies versucht, läuft Gefahr, dass Medien an anderer Stelle etwas stärker einsteigen, um das Gleichgewicht wieder herzustellen.

Respektieren Sie in der Krisenkommunikation, dass die Presse kritische Fragen stellt. Dass Sie Fragen gestellt bekommen, die Sie scheinbar in die Ecke treiben. Sie sind doch selbstbestimmt, was Ihre Antworten betrifft. Wenn die gut und nachvollziehbar sind, wenn Sie gut vorbereitet und gecoacht in einen solchen Medienkontakt gehen – natürlich begleitet und niemals unbegleitet – dann können Sie mit Ihrer Kommunikation auf jeden Fall punkten.

Das BBW Bremen wurde übrigens im Folgejahr dieses Vorgangs Preisträger von TOP 100, einer renommierten Auszeichnung für innovative Mittelständer. Mentor des Programms ist Ranga Yogeshwar. Das Unternehmen erhielt den Preis in der Kategorie „Außenorientierung/Open Innovation".

So läuft's halt, wenn man innovativ ist.

146 „Die Loge ist gekündigt" – Weserkurier vom 23.10.2019.

Epilog

Zurück zu Dr. Weber.

Für eine geplante Baumaßnahme auf dem Werksgelände hat das Unternehmen aus eigenem Antrieb heraus Bodenproben genommen. Dazu wäre es in diesem Fall gesetzlich nicht verpflichtet gewesen. Bei der Analyse hat sich herausgestellt, dass der Boden einen Stoff enthielt – ich nenne ihn hier Supertoxin – der offenbar von einem Unternehmen, das in den 1960-70er Jahren hier produziert hatte, verursacht worden war. Dieses Unternehmen gab es schon viele Jahre nicht mehr und das Unternehmen, bei dem Dr. Weber beschäftigt ist, ist weder direkt noch indirekt ein Rechtsnachfolger. Somit lediglich der Entdecker der Substanz – nicht aber der Verursacher.

In der Medienkommunikation kann das aber komplett nach hinten losgehen: „Tödliches Supertoxin auf dem Gelände von Soundso-Chemie gefunden."; „Supertoxin 20 Prozent über dem gesetzlichen Grenzwert"; „Bürgerinitiative besorgt: Wohin soll das Super-Toxin?", „Welche Gefahren lauern sonst noch auf dem Gelände der Soundso-Chemie?"

Dazu käme dann noch unternehmensinternes Risiko: Die Firma gehört inzwischen zu wesentlichen Anteilen einem Konzern in Übersee. Für den ist der Standort in Deutschland nur ein Fähnchen von vielen auf der Unternehmenskarte. Die örtlichen Prioritäten sind mehrere tausend Kilometer entfernt nicht unter den Top-3-To-Dos der Konzernkommunikation. Wirklich hilfreiche Unterstützung ist somit eher nicht zu erwarten. Eher wäre eine formale Überreaktion durch Rechtsanwälte einer internationalen Kanzlei zu befürchten, die ohne jegliche Kenntnis und ohne jegliches Gespür für die Bedürfnisse der Menschen in der Region vorgegangen wären.

Machen wir es kurz.

Das Unternehmen hat alles richtig gemacht: Die Behörden unverzüglich informiert und sich für alle Eventualitäten rechtlich und kommunikativ gerüstet. Der belastete Boden wurde auf eigene Kosten ausgehoben (quantitativ hielt sich das in überschaubaren Mengen) und fachmännisch entsorgt. Die geplante Baumaßnahme auf dem Gelände wurde realisiert. Standort, Arbeitsplätze und Image des Unternehmens wurden nicht beeinträchtigt.

Für den Fall der Fälle waren alle notwendigen Kommunikationsmaßnahmen bereits vorbereitet und in Eskalationsstufen einsortiert. Auch rechtlich. Sowohl mit Fachanwälten aus dem Umweltrecht als auch mit einer Medienfachanwältin. Lecks hätten sich ergeben können durch eigene Mitarbeiter, ehemalige Beschäftigte, Gutachter, Mitarbeiter bei den Behörden.

Hätten!

War aber nicht.

Würden Sie heute jemanden von der Bürgerinitiative fragen, was es mit Supertoxin auf sich hat, würde die Bürgerinitiative antworten: „Supertoxin? Was soll das sein? Nie gehört. Hier? Bei uns?"

Über den Autor

Der gelernte Hörfunkjournalist und PR-Mann Tom Buschardt berät und coacht seit über 20 Jahren sowohl Vorstände (u.a. DAX-Konzerne) als auch Politikerinnen und Politiker demokratischer Parteien. Er schrieb als MeinungsMacher fünf Jahre für das manager magazin.

Journalistisch arbeitete er sowohl für die *Kölnische Rundschau* als auch für WDR, RTL und *Deutsche Welle*, wo er insgesamt über ein Jahrzehnt im Programm Politik/Wirtschaft und Zeitfunk/Aktuelles als Moderator und Autor eingesetzt war. Als Reporter und Moderator arbeitete er außerdem für zahlreiche private Hörfunkstationen in NRW.

Für die *Deutsche Welle Akademie* entwickelte er 2004 das Medientraining für die „Akademie Auswärtiger Dienst", die Diplomatenschule des Auswärtigen Amtes, für die er 15 Jahre als Dozent arbeitete. Darüber hinaus unterrichtete Buschardt an der *RTL-Journalistenschule* Deeskalationstechniken für Reporter im Interview, am FAZ-Institut Interviewtraining und war Mitglied der Ausbildungskommission für Volontäre bei der *Deutschen Welle* mit dem Schwerpunkt „Nachrichten" und „Politik".

Er begleitete als Coach der BILD-Chefredaktion den Sendestart von BILD TV und hält Gastvorträge an der Hochschule Osnabrück sowie der Hochschule Bonn/Rhein-Sieg (Lehraufträge).

Buschardt war zudem geschäftsführender Gesellschafter eines journalistischen Dienstleisters und einer daraus hervorgegangenen PR-Agentur für Marken- und Corporate-Kunden, die in den Branchen Pharmazeutik, Lebens- und Genussmittel, Einzelhandel, Chemie, Consumer-Artikel, Waschmittel, Straßenbau sowie für Verbände und Non-Profit-Organisationen aktiv war.

Neben klassischen Brand Communications sammelte er in dieser Zeit vor allem auch Erfahrung mit erfolgreicher Krisenkommunikation und verantwortete auch große PR-Etats. Er war als Geschäftsführer seiner früheren Firma u.a. Berater des Managements des Formel-1-Piloten Nick Heidfeld, als es mit BMW zur Krise kam.

Neben seinen Medien-, Kommunikations- und Krisenkommunikations-Trainings unterstützt er auch Unternehmen vor und hinter den Kulissen in schwierigen Zeiten in der internen wie externen Kommunikation.

Bei VISTAS veröffentlichte er 2016 *Feedback – Kommunikation optimieren*, 2017 folgte *Schlagfertiger durch Ärger-Fasten®* und 2019 der Titel *Warum wir Kommunikation neu lernen müssen*. Bereits Ende der 1990er Jahre veröffentlichte er u.a. *Öffentlichkeitsarbeit: Hörfunk* sowie den *Ratgeber Freie Journalisten* in der 3. und 4. Ausgabe.

Privat betreibt er den Podcast „Mor(d)bide Stories", für den er gelegentlich neue Folgen einspricht.

Internet:
www.buschardt.de | www.200prozent.com
www.YouTube200prozent.com
https://de.wikipedia.org/wiki/Tom_Buschardt

Direktkontakt:
buschardt@200prozent.com
Twitter:
@Tom200prozent